静岡の地震と気象のうんちく

静新新書
036

はじめに

気象庁に就職し、職業柄、気象や地震などの自然現象と関わり合いをもち、全国各地に出張で出かけ、函館、福井、和歌山、静岡には転勤で住んでいます。なかでも、平成20年（2008）4月から21年（2009）3月までの1年間、静岡地方気象台長として赴任した静岡は、気象と地震についてネタの宝庫と感じました。日本全国に影響を与えた歴史があり、それに関連した場所が至るところにあり、思い出に残る土地でした。

歴史が好きで、静岡赴任後すぐに訪れたのは、静岡市清水区にある「壮士の墓」です。映画やドラマで取り上げられる清水次郎長は、江戸時代末期の街道一の親分の話が多いのですが、個人的には「壮士の墓」以降の次郎長の話が好きだったからです。そして、そのきっかけとなった清水港へ逃げ込んだ咸臨丸艦長が小林一知、第2代中央気象台長（現在の気象庁長官）だったからです。小林一知と上司の荒井郁之助は、幕府のために操船に不可欠な気象を学び、日本最強の幕府艦隊で蝦夷地に新天地を求めたものの、鹿島灘での秋の台風、江差沖での冬の暴風雨で頼みの艦隊を失ったことで夢が破れています。荒井郁之助と小林一知は、気象情報の重要性を骨身に感じ、気象業務を発展させ、中央気象台を作り、世界に冠たる日本の防災体制の礎を築いています。

航空機の民間利用がはじまり、昭和6年に東京府荏原郡羽田町に飛行場ができると中央気象台ではそこに分室を設置し、絶対安全に加え、経済性・定時性や快適さのために気象情報の提供を始めます。日本初の女性乗務員を乗せたサービスは、羽田空港ができた昭和6年に始まり、羽田と清水間にエアーガールが乗務しました。菊池寛は、三保の松原伝説からか「エアーガールは近代的天女」と表現していますが、快適な空の旅を届けようという試みが始まったのが東京―静岡間ということになります。静岡空港は平成21年6月4日開港と、最後の登場というような言われ方をしますが、本書で記したように、飛行機に関して先進的な成果を出してきたのは静岡の地です。根岸錦蔵など先進的な考えで突き進んだ人と、それを支えた人々がいました。静岡の次は羽田にある東京航空地方気象台に台長として赴任しましたが、東京航空地方気象台の下には静岡空港出張所が配置されています。これも何かの縁かもしれません。

静岡在任中に、静岡新聞の「窓辺」に書かせていただく機会をいただき、感じたことを書いたところ、いろいろな方からお手紙をいただきました。私が書いた事柄についての補足やその後の話など、私の知らなかったことを教えていただきました。「窓辺」では、約700

字という制限があり、書ききれなかったことや説明が不十分であったこともありましたが、これを補い、新たな話を加えて本書を書いてみました。本書をきっかけに、静岡県についての話が盛り上がり、先人達が営々と築いてきた静岡県の歴史、日本に大きな影響を与えている歴史に思いをはせていただければ幸いです。

目次

静岡県の地上気象（天気）

静岡県の高層気象（航空）

静岡県の気候（地球温暖化）

静岡県の地震

静岡県の伝承

静岡の自然現象とそれに対する情報発表

1　壮士の墓と咸臨丸船長

静岡市清水区に「壮士の墓」があります。映画やドラマで取り上げられる清水次郎長は、江戸時代末期の街道一の親分の話が多いのですが、個人的には「壮士の墓」（写真１－１）以降の次郎長の話が好きです。

慶応4年（１８６８）３月５日、鳥羽伏見の戦いで幕府軍に勝利した有栖川宮熾仁親王を総督とする新政府軍５０００人が駿府に入り、駿府町奉行所などを廃止します。駿府は、寛永9年（１６３２）10月に松平忠長が改易されてからは大名を置かず、幕府の直轄地として城代以下の諸役人が配されていました。徳川幕府内は徹底抗戦派と恭順派に割れていました。軍事総裁の勝海舟は、徳川家の存続のため、早期停戦と江戸城の無血開城を主張し、腹心の山岡鉄舟を駿府にいた西郷隆盛のもとに密かに派遣します。山岡鉄舟は、なんとか箱根を越えたものの、駿府手前の由比の薩埵峠で新政府軍に見つかり、不審者として銃撃を受けています。このため、峠登り口にあった望嶽亭に逃げ込み、亭主（20代目の松永七郎平）の助けを借りて漁師に変装し、小舟で清水の次郎長のもとに向かっています。若い頃、由比に預け

1-1　壮士の墓

られていた次郎長は、19代目亭主の松永嘉七に世話になっており、20代目とも顔見知りだったからです。次郎長は亭主の頼みを昔の恩返しとして受け、3月6日に山岡鉄舟を官軍総司令部のあった駿府伝馬町の桐油屋の松崎屋源兵衛宅に無事に送り届けています。こうして行われた山岡鉄舟と西郷隆盛の予備折衝を受け、慶応4年3月13日には江戸高輪の薩摩藩邸で勝海舟と西郷隆盛の「江戸城無血開城の会見」と呼ばれる有名な会見が行われ、江戸が戦火を免れています。

新政府軍の有栖川総督は、3月22日に浜松藩家老の伏谷如水を駿府町差配役に任命し、閏4月24日には駿河・遠州・三河の裁判所判事の兼任も命じています。5月になると、伏谷如水は清水次郎長を駿府に呼び、これまでの罪科を帳消しにするのと引き替えに、街道警備や新政府軍接収の米蔵の警護などを命じています。無政府状態の駿河を統治するには、街道筋の実力者の力を借りるのが一番と考えたからで、次郎長の身辺調査をしてからの命令といわれていますが、私は、山岡鉄舟の一件も大きな判断材料になったと考えています。ともあれ、任侠の親分を警察署長にしたような大抜擢人事に、次郎長は十分な働きをし、以後はまっとうな道を歩き、実業家としての働きをします。

江戸城無血開城の会見の結果、徳川家は駿河・遠江・陸奥（後に三河）の70万石に国替えということで存続が決まり、徳川家は再構築された駿河府中藩（駿府藩）を治めることになります。それまでの遠江の大名は上総に移動となり、浜松藩主の井上正直は鶴舞藩（現在の千葉県市原市鶴舞）を治めることになります。そして、徳川慶喜は隠居・謹慎とし、御三卿の田安家から田安亀之助（5歳）が徳川家達（16代宗家当主）として徳川家を相続することになります。8月16日には、徳川家達が駿河府中城内の元城代屋敷に入り、勝海舟と山岡鉄舟が駿河府中藩の幹事役となって若すぎる徳川家達を支えています。

しかし、官軍薩摩の西郷隆盛と徳川幕臣で海軍創設の勝海舟が尽力して江戸城が無血開城をしたといっても、幕府の中には不服とする者も多く、幕府海軍副総裁であった榎本武揚は、慶応4年8月19日（1868年10月4日）、開陽丸、回天丸、美加保丸、咸臨丸など8隻の艦隊に抗戦派の旧幕臣を乗せ江戸を脱出、蝦夷地に新天地を求めて脱出しています。当時、勝海舟が作った幕府海軍は日本最強であり、新政府軍は総力をあげても全く歯が立たなかったので、実現可能と思っての行動です。アメリカ南北戦争後の余った中古武器を大量に買ってすぐに強化できた陸軍と違い、近代船を自在に操船するために様々な教育を受けた人材群が必要な海軍は、船の購入だけでは強化できなかったのです。しかし、無敵であったはずの榎本艦隊は出航3日目に鹿島灘で台風に巻き込まれ、美加保丸は沈没、咸臨丸は大破して艦隊から離れています。榎本艦隊が傷んだ船の修理を松島湾で行っているうちに会津若松城の落城があり、頼みにしていた奥羽越列藩同盟が瓦解（がかい）しています。その後、蝦夷地に上陸し、函館の五稜郭を占領して榎本武揚を総裁とした函館政権を樹立したものの、最新鋭の開陽丸が冬の暴風雨で座礁（ざしょう）・沈没し、新政府軍との戦いの前に自然の猛威で無敵艦隊を失っています。このため、五稜郭戦争は簡単に新政府軍の勝利となり、榎本武揚らは、捕らえられ収監されます。

　話を少し戻します。鹿島灘で台風に巻き込まれた咸臨丸は、徳川幕府が開国による近代的海軍の必要から、オランダに注文して造らせた日本の第1号蒸気軍艦で、万延元年（186

0)、日米修好通商条約の批准書を交換するための遣米使節団一行を乗せたアメリカ軍艦ポーハタン号に随行し、その使節団の副使を乗せ、あわせて乗員の太平洋横断訓練を行った船です。日本で初めて、太平洋を横断し、米国に行ってきた栄光の船で、その時の艦長は勝海舟でした。その咸臨丸は、台風によって船首の三角帆2枚を破損し方向を保つことが難しくなり、9月2日にようやく清水港にたどり着いています。

この出来事では、徳川家や住民は戸惑いと迷惑を感じています。というのは、徳川本家の存続が決まり、藩主が駿府に到着してから17日目のこの日に、藩の命令を無視して新政府軍と戦うために品川を脱走した者達がやって来たからです。徳川家が新政府軍に気兼ねしているうちに新政府軍の討伐隊が品川から船で入港、恭順(きょうじゅん)して無抵抗の乗組員を殺傷しています。討伐隊が去って数日後、討伐隊が内海に投げ捨てた遺体によって、港は死臭で耐えられなくなりましたが、賊兵の死体を埋めることは賊の片割れとみなされると、誰も手を下しませんでした。しかし、清水次郎長は、「賊とか敵とかいうのは生きている間のこと、死人まで再び罪することはない。とがめられたら俺が腹を切れば済む」として、7体の死体を集め、丁寧に埋葬しています。清水次郎長の男気の行為は、駿河府中藩幹事役の山岡鉄舟の激賞するところとなり、以後、次郎長と親交を結ぶことになります。

清水次郎長が死体を埋葬した場所には、３回忌のときに山岡鉄舟の筆になる壮士墓の石塔が建てられ、現在も９月18日の祥月命日には地元築地町の人々によって毎年供養が行われています。そして、記念碑が将来の清水港の発展を考え、近くの景勝の地に建てられていますが、それが、興津清見寺境内にある咸臨丸殉難記念碑です。明治20年（１８８７）４月17日に式典が行われ、数千人の参列者の中、最初に焼香したのは地理局観測課長の小林一知、次いで逓信（ていしん）大臣の榎本武揚、清水次郎長は10番目の焼香でした。

この小林一知は清水港に逃げ込んだときの咸臨丸艦長で、捕らえられ獄中生活をした後、内務省地理局に勤め、地理局観測課長として気象業務の発展に尽くし、明治24年（１８９１）に第２代中央気象台長（現在の気象庁長官）となった人です。ちなみに、明治23年（１８９０）８月２日の中央気象台官制の制定とともに初代中央気象台長となったのは、脱走した幕府艦隊の責任者で、函館政権の海軍奉行だった荒井郁之助で、小林一知より長く獄中生活を送り、開拓使仮学校（現在の北海道大学の前身）の校長を経て小林一知より遅れて地理局に勤めています。そして、咸臨丸殉難記念碑式典の時点では小林の上司にあたる地理局次長をしていました。操船には不可欠な気象を学び、気象によって夢が破れた旧幕府艦隊の荒井郁之助と小林一知は、気象情報の重要性を骨身に感じ、気象業務を発展させ、中央気象台を作り、世界に冠たる日本の防災体制の礎を築いています。

また、榎本武揚は最初の内閣を作った長州（山口県）出身の伊藤博文総理大臣の任命した大臣となっていました。伊藤博文は、九つある大臣の椅子のうち四つを薩摩（鹿児島）、三つを長州、一つを土佐（高知）に割り振ったものの、一つは、幕臣の、それも反乱の首謀者に割り振ったのです。新政府軍と幕府軍の大規模な衝突がなかったことで、日本中の内乱に発展することもなく、欧米列強が狙っていた日本の植民地化も実現できませんでした。それどころか、新政府は、勝海舟が育てた様々な教育を受けた人材群を活用するなど、敵対した幕府の中からも有能な人材を登用して産業等を発展させ、短期間で先進国の仲間入りしています。

2　勝海舟が作った静岡学問所とクラーク

明治維新により徳川宗家は江戸の将軍家（15代将軍　慶喜）から駿河府中藩の大名家（当主は当時8歳の家達）になります。幹事役だった勝海舟は、この難局に立ち向かうにはまず人材育成を考え、明治元年（１８６８）に駿府城四つ足御門にあった元定番屋敷内に府中学問所を創設します。この学問所は、明治2年（１８６９）に駿府が静岡に改められたことか

1-2　静岡学問所（早稲田大学図書館蔵）

ら静岡学問所（写真1―2）になりましたが、向学心に燃える者は身分を問わず入学が許可されるという画期的なものでした。

向山黄村（むこうやまこうそん）（会頭、静岡という名前の命名者）、津田真一郎、外山捨八、中村正直（まさなお）など当代一流の学者により国学・和漢学・洋学の授業が行われ、米人教授エドワード・ウォーレン・クラークが理化学などを教えるなど、250人といわれる学生に対し、当時の最高水準の授業が行われました。

牧師の家に育ったクラークは、ニュージャージー州のラトガース大学に学び、そこで福井藩の藩校「明新館」教師に招聘（しょうへい）が決まっていた友人のウィリアム・グリフィスから、駿河の学校で教師を探していること、責任者の勝海舟は教師と真の教育者の違いを知っていることを聞き、かねてから興味のあった日本へやってきます。明治4年（１８７１）10月のことですが、月３００ドルという当時では高給の契約書の中に、「3年の期間中、宗教的問題につき沈黙を守る」というものがあり、一時は就任を辞退しようとまで思っています。しかし、勝海舟や息子（具定、具経の兄弟）をラトガース大学に留学させていた岩倉具視（ともみ）の尽力もあり、この条項を削除しての契約となっています。このため、キリスト教の日曜学校を開くことができ、明治の宗教界に活躍した人材も輩出しています。

静岡学問所は、明治5年（１８７２）8月学制の施行とともに閉鎖されましたが、クラークをはじめ、洋学系の教師の多くが明治政府に登用され、南校（東京開成学校、東京大学、帝国大学などを経て現在の東京大学）の教授などになっています。また、グリフィスも福井から上京して南校の教師となり、クラークとグリフィスは東京で日本の将来を担う人材育成に努めます。彼らの母校ラトガース大学は、１７６６年に創立された古い大学で、幕末からの10年間で40人以上の日本人を留学生として受け入れています。福井藩主・松平春嶽の命で最初に留学した日下部太郎は、学業では素晴らしい成果を修めたものの肺結核で26歳の若さで客死してしまいますが、勤勉かつ優秀で学年トップであったため、大学関係者は日本への強い印象と好意を持ちます。そして、日下部と親交があったグリフィスが福井藩へ教師として招かれます。また、その縁でクラークが駿府藩へ招かれます。彼らが教えた学校が東京開成学校となったときの初代校長・畠山義成（薩摩藩）は、ラトガース大学への留学生です。このように、長崎の宣教師グイド・フルベッキが尽力して実現したラトガース大学留学への道は、最初の留学生である日下部太郎によって広がり、明治初期の日本の高等教育に大きな役割を果たしたのです。

3　貴重な御前埼灯台地震観測

日本近代の灯台は、徳川幕府が「江戸条約」で8灯台、「大阪約定」の5灯台の設置を約束しますが、それを引き継いだ明治政府は、この13灯台だけでなく、日本各地に積極的に灯台を建設します。日本の近代化を支える重要なインフラと考え、英からリチャード・ブラントン等を招きました。ブラントンは、日本各地で灯台の建設と運営の指導を行うとともに、各灯台で天気・気圧・風向・風速などを記録した「天候日誌」を月ごとに集めています。御前崎にレンガ造り灯台ができたのが明治7年（1874）5月1日です（写真1―3）。気象庁の前身である東京気象台創立よりも13カ月早く、静岡県内で一番古い気象官署である浜松測候所と沼津測候所の創立より8年7カ月早く業務を開始しています。

1-3　御前埼灯台

灯台の「天候日誌」の本物は現存していませんが、明治10年（1877）から昭和23年（1948）までの分が気象庁マイクロフィルムとして残っています。これは、貴重な気象観測資料には間違いがないのですが、同時に貴重な地震資料でもあります。というのは、地震が起きたときには、正確な時刻と共に詳しい現象の書き込みがあるからです。

元気象庁地震火山部長の津村建四朗さんは、明治17年（1884）1月19日の御前崎付近の地震について、御前埼灯台（灯台は「埼」を使用）の記録を調べ「本震は沼津と浜松の測候所、御前崎と神子元島と城ヶ崎の灯台で観測があるものの、11回あった余震については御前崎しかなく、その後、類似の地震活動がないことから、この報告は重要」としています。

（御前崎）一九日午後十一時四分三十秒地大イニ震フ、其震動時間ハ凡一分…仝時十五分ニ又軽震…二十日午前〇時十六分ヨリ四時二十五分迄ニ小地震スルコト七回…続イテ…

4　警報に貢献の神子元島灯台

伊豆半島の先端から約9㎞沖に神子元島（みこもとしま）があります（図1―1）。標高30m、最長部でも400mという樹木もない島で、この近海は潮流が早く岩礁が散財する航海の難所として古くから恐れられてきました。徳川幕府が米、英、仏、蘭の四カ国と約束した「江戸条約」に基づき、明治政府が大金を投じて明治3年（1870）11月に灯台を作っていますが、点灯式には大久保利通（としみち）や木戸孝允（たかよし）という明治政府の重鎮が参列するほど、国内外で重視された灯台でした。日本最古の石造り灯台（伊豆石を使用）である神子元島灯台は、太陽光と風力を複合利用するハイブリッド方式発電を採用して無人となっていますが、昭和51年（1976）までは灯台守が住んでいます。大正2年（1913）10月に、新婚の灯台守を早稲田大学時代の友人・若山牧水が、新婚のためにダリアの花束を土産に一週間ほど訪ねています。灯台守にならないかと勧められ、長男が生まれたばかりで生活が苦しかった牧水は、かなり迷った末に生活の安定よりも、漂泊の詩人の道を選んでいます。

「その窓に　わがたずさえし　花を活け　客をよろこぶ　その若き妻（牧水）」

東京気象台では、明治16年（1883）3月から全国の24カ所の観測をもとに天気図を作

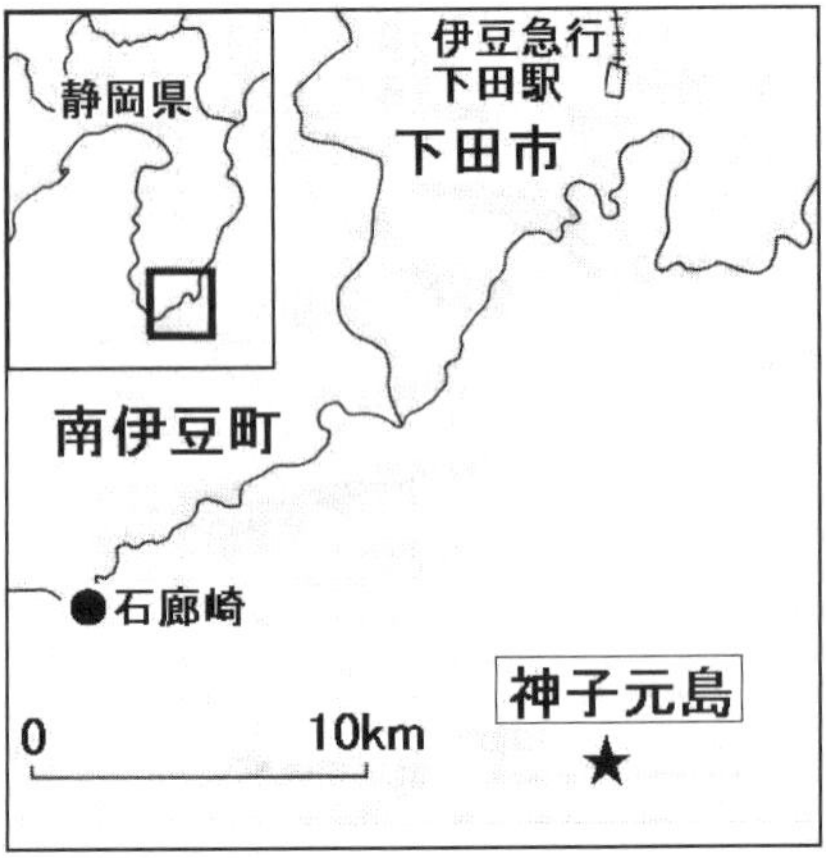

図 1-1　神子元島の位置

成し、暴風を予知し、警報を発表するという業務を始めています。このためには、観測データを電報等で素早く集めることが不可欠で、人里離れて通信網の整備が遅れていた灯台は、気象観測が行われても、神子元島灯台を除いて、暴風警報には使われませんでした。東京気象台が中央気象台（現在の気象庁）と改称・強化された明治20年（1887）、下田と神子元島の間に電話が通じるようになると、8月下旬から、神子元島灯台の観測データが中央気象台に送られ、やっと29に増えた測候所等のデータと同じように使われています。当時の天気図にも測候所等と同等の記入がなされています。神子元島灯台は、灯台付近の船舶だけでなく、暴風警報を発表する30の観測所の一つとして、日本近海の船舶に対しても海難防止に役立っていたのです。

5　海軍望楼から始まった石廊崎の気象観測

石廊岬における気象観測は、4段階に分けられます。最初は、明治27年（1894）6月の海軍望楼条例で長津呂村（現 南伊豆町）に設置された長津呂海岸望楼です。当時、日清戦争直前であり、全国海岸の要所に望楼を設置して沿岸監視や気象観測をしました。望楼には通信施設が設置されていましたので、日清戦争後の明治32年（1899）頃から、長津呂を含む全国9カ所の望楼では、公衆の便宜のため電信取扱所になっています。つまり、軍の施設であっても、周辺住民はここを使って電報が打てたのです。海岸望楼は、明治33年（1900）に海軍望楼と名称変更となり、ロシアに備えて各地に増設されます。

明治37年（1904）2月10日に始まった日露戦争では、日本海軍が旅順艦隊や黒海から極東に派遣されてくるバルチック艦隊に備えて西日本に張り付いている間に、ロシアのウラジオストク艦隊が商船を撃沈したり拿捕（だほ）するなど、日本近海の制海権を握りました。7月中旬から下旬の5回目の出撃では、ウラジオから津軽海峡を経て三陸沖を南下、関東沖を通って遠州灘までを往復する間に、日本商船5隻を撃沈、1隻を拿捕、1隻を略奪していますが、同時に中立国の英国船やドイツ船5隻を撃沈、拿捕、略奪をしています。このとき、長津呂望楼では、7月24日に中立国の英船ナイトコマンダー（4000トン）を砲撃と魚雷で撃沈という国際法違反を目撃しています。日露戦争は石廊崎沖も戦場だったのです。しかし、あせって中立国の反発を買う行為をしたロシア海軍と、じっとチャンスを待った日本海軍の差はその後の戦いの予告だったのかもしれません。日本の連合艦隊は、8月10日に日本軍が行っていた旅順港封鎖を突破しようとしたロシア旅順艦隊への勝利（黄海海戦）、8月14日に旅順艦隊と合流しようとして南下してきたウラジオストク艦隊への勝利（蔚山沖海戦）で、日本近海の制海権を取り戻します。そして、黒海からはるばる極東まで派遣されてきたロシアのバルチック艦隊に対する備えを固めます。イギリスはバルチック艦隊がスエズ運河を通行できないようにするなど、日本近海への到着を遅らせ、日本に準備期間を与えます。こうして始まった、翌38年5月27日の日本海海戦では日本の連合艦隊が圧勝し、日露戦争は日本の勝利で終わります。

飛行機が発達し、偵察に使われ始めるなどしたため、海軍望楼は大正10年（1921）5月に廃止となります。そして、翌11年1月から海軍望楼の敷地に中央気象台付属臨時観測所として観測が始まり、4月には中央気象台付属長津呂測候所になります。この場所での観測は、より岬先端の場所に石廊崎測候所が設立された昭和7年（1932）4月に廃止となります。

日中戦争が拡大すると、航空業務強化の一環として、昭和14年（1939）に石廊崎測候所が廃止、長津呂観測所が山側の地に創設されます。そして、太平洋戦争が終わった昭和22年（1947）5月に東京管区気象台長津呂観測所に、昭和25年（1950）6月に長津呂測候所、43年（1968）3月から石廊崎測候所となっています。そして、平成15年（2003）10月から無人の石廊崎特別地域観測所となり現在に至っています。

このように、石廊崎での気象観測は、戦争と深く関わりながら継続されてきました。

6 浜松の半僧坊の鐘と天気予報旗

明治15年（1882）1月、内務省地理局では、暴風警報を実施するためドイツ人のエルヴィン・クニッピングを雇い、必要な測候所の見直しを行い、既設の12カ所では不足であるとして浜松や沼津を含む8カ所の増設を計画します。浜松には地理局員の板橋政範が派遣され、明治15年11月16日に浜松測候所が設置されます。観測開始は12月1日でしたが、浜松宿伝馬町電信局内に機械を置き、事務所を浜松検察所内に置くというもので、翌年9月15日に近くの高町の克明館（幕末の藩主である井上正春（まさはる）が設置した藩の学問所）に移転するまでの仮住まいでした。

明治16年2月から暴風警報が発表となり、翌17年7月から天気予報が発表となります。浜松測候所（写真1―4）は、明治20年に国営から県営に代わっていますが、大正13年（1924）に市内鴨江町に移転するまでの41年間、道路向かい側の半僧坊浜松別院の正福寺境内に天気予報の標識柱をたて、明日の天気予報を、風向を示す三角形の旗と、天気を示す長方形の旗の色で住民に伝えていました。三角形旗の白が北、緑が東、赤が南、青が西風を示し、長方形旗の白が晴れ、赤が曇り、青が雨、緑が雪を意味していました。半僧坊の標識は、旧宿場町の地域のどこからも見え、半僧坊の時の鐘とともに親しまれてきました。写真1―5は、千葉県館山測候所で天気予報の旗を掲げているところですが、半僧坊でも浜松測候所が発表した天気予報を、このようにして住民に知らせていました。やがてラジオが登場し、天気予報が放送されるようになると天気予報の旗も使われなくなります。

大正時代になると、地震観測機器など観測機器が増え、手狭になってきたため鴨江町に移転となりますが、昭和20年（1945）6月18日の浜松空襲で焼失します。仮庁舎での業務が始まりますが、昭和23年に、より良い観測環境の三組町に建物が再建となります。そして、平成17年（2005）10月、浜松測候所は無人化され、特別地域気象観測所として観測を継続しています。

1-4　明治20年頃の浜松側候所

1-5　館山測候所の天気予報信号柱

7 船舶向けの放送

大正末期からは、タイタニック号遭難をきっかけとして大形の外航船には無線機が積まれ、神戸海洋気象台が放送していた警報や観測値を聞いて安全運行につとめていましたが、高価で取り扱いが不便であったため漁船では使われませんでした。しかし、静岡県で飛行機による漁群探査がはじまると状況が変わります（25節参照）。最初は飛行機から漁船に対して魚群までの方向と距離を記入した報告筒を落として知らせる方法でしたが、それでも、方位を示すコンパスを積んだ船がほとんどいない時代で、静岡県では漁船がコンパスを買うための補助までしています。魚群探査が本格的に始まった昭和5年（1930）からは報告筒に加えて、帰着後に漁船根拠地から漁船にあてて無線電話での放送が、昭和6年（1931）からは飛行機に無線通信機を積んで直接放送も行われます。これは、飛行機での観測が漁船に即座に伝われば漁獲高が増えることがわかり、無線機を積んだ漁船が増えてきたためです。昭和7年には、漁船根拠地の無線発信機が故障したため、代替として静岡放送局からラジオ放送が行われました。昭和8年（1933）に根拠地の無線発信機の故障が直り、放送再会したあとも静岡放送局のラジオ放送は続き、現在のNHK静岡放送局の静岡県近海の漁業気象を伝えるラジオ番組につながっています。大正14年の東京放送局によるラジオ放送開始後、全国に放送局ができますが、静岡放送局（ＪＯＰＫ）が全国13番目に開局し、谷津山山頂の鉄塔から電波を出したのが昭和６年３月21日ですので、ほぼ設立と同時に始まった番組ともいえます。谷津山山頂の鉄塔は、昭和34年（１９５９）に東海大学に売却となり、東海大学海洋学部は太平洋のマグロ漁船などに魚群分布図や天気図といった海上情報を流す海洋ＦＡＸ無線局として利用し、現在は東海大学の広告塔になっています（写真１―６）。

1-6　谷津山の鉄塔

漁船に無線機を積む効果（海難防止と漁獲量の増加）は絶大で、各地の漁船には無線機が積まれるようになります。先行していた静岡県の漁船は、基地局と交信を支えに鮪を求めて沿岸から南洋へと漁場を拡大してゆきます。そして、焼津港は、東京や名古屋、大阪などの大消費地と鉄道や高速道路で結ばれている立地条件を生かし、遠洋漁業の中心基地として大発展をしています。

8　沼津測候所を引き継いだのは三島か静岡か

沼津測候所は、浜松測候所と同時に明治15年（1882）11月に内務省地理局が設置します。沼津兵学校付属小学校、集成舎・沼津中学校と沼津で育った金田綾太郎は、沼津測候所ができると技手として勤務し、明治43年（1910）に所長となり昭和5年まで勤務します。沼津測候所は、明治20年4月に県営移管となりますので、金田綾太郎はほとんど県職員として県東部の気象業務の中心でした。沼津測候所は、気象や地震の観測と情報発表に努め、大正12年（1923）に関東大震災が発生すると、富士山の緊急調査を行って、特に目立った変化はないとの報告を発表しています。また、昭和10年（1935）7月11日の静岡地震では、素早く詳しい調査報告書を作成しています。

航空機への支援業務の中心として、中央気象台直属の三島支台ができたのが昭和5年ですが、日中戦争が始まり、航空機の急速な進歩から、気象業務の強化がはかられ、昭和13年（1938）から14年にかけ、沼津測候所を除いた全国の県営測候所が国営に移管され、中央気象台のもとに再編されます。沼津測候所は廃止となり、すぐ隣の三島にある三島支台が三島測候所と改組になって県東部の気象業務を行うことになります。昭和14年（1939）10月31日に沼津測候所は廃止となり、これに伴う静岡県所有物は国に寄付することとなり、翌日設置された中央気象台臨時静岡出張所に送られます。静岡出張所（現 静岡地方気象台）は、静岡市から寄付を受けた静岡市曲金の県農事試験場跡地に設置され、翌15年（1940）1月から観測を開始します。静岡県東部を担当していた沼津測候所の業務を引き継いだのが三島測候所で、それを補佐していたのが静岡出張所ということになりますが、その後、静岡出張所は静岡測候所となり、静岡県の気象業務の中心となってゆきます。

県農事試験場は、明治33年に豊田村（現 静岡市）曲金に設置され、4年前に北安東に移転していたのですが、気象観測記録は、明治36年（1903）から昭和15年まで残っていますので、移転後も曲金での観測記録は継続されていたことになります。気象台や測候所と観測の方法などが違うため、単純に比べることはできませんが、大正元年（1912）から毎日の最高気温と最低気温の観測記録があります。日平均気温は、最高気温と最低気温の平均で近似できますので、静岡の曲金での年平均気温の推移をみることができます。大正から昭和初期にかけて気温が低下傾向にありましたが、その後は上昇傾向にあり、最近は、その上昇傾向が顕著となっています。静岡測候所ができた頃から始まった曲金の都市化の影響に、地球温暖化の影響が加わってきたのかもしれません。

静岡地方気象台のある曲金には、日本武尊が東征のおり、この地で戦勝を祈ったという伝承がある軍神社があります。曲金という地名は、ここが低地に開けた穀倉地帯であり、直角に曲がった尺のように整然と区画整理された水田が広がっていたから名付けられたとされています。古代条里制の遺構も残っており、この伝承も何らかの意味があるかもしれません。軍神社が再建されたのは寛保4年（1744）で、このあたりの名主である海野氏が悪夢に感じてのことといわれています。徳川家康は、諸国平定が終わると旗と鉾(ほこ)を奉納し、以後、代々の駿府城代が参拝を欠かしていません。天下をとった徳川家康は、駿府に住んで西の豊臣方の諸侯ににらみをきかしていますが、お茶を愛飲し、大井川上流と安倍川上流を結ぶ大日峠にお茶壺屋敷を造って管理させたのが海野本定です。この海野本定より数えて10代目の当主が、米のシアトル向けに日本茶を直接輸出し（34節参照）、「世界にお茶を売った男」といわれている海野孝三郎です。軍神社境内には合計9本のクスノキの巨樹があり、推定樹齢は100～200年といわれています。気象台の庁舎屋上からは、富士山をバックに、このクスノキの群生を見ることができます。関東以西の温暖な地に自生する常緑高木であるクスノキは、神社の御神木として大事にされていることが多いですが、一年中温暖で風が弱い静岡市には、樹齢1500年の小鹿伊勢神明社のクスノキなど、あちこちにクスノキの巨木があります。

9　富士山レーダーから牧之原と車山のレーダーへ

日本で気象レーダーの利用が可能になったのは、昭和28年（1953）に占領下から脱却してからです。それまでは、レーダーを持つことも、研究することも禁止されていました。最初の気象レーダーは、大都市の台風防災という観点から大阪に作られました。昭和29年（1954）のことです。その後、福岡（背振山）、東京にもレーダーが設置されました。昭和33年（1958）に狩野川台風で大きな被害を受けると、気象レーダーの目標は、台風をできるだけ遠方で探知することをねらいとして、昭和34年（1959）から35年にかけて、鹿児島県の種子島と奄美大島（名瀬）、高知県の室戸岬に設置されました。そして、台風をできるだけ遠方で探知する切り札として考えられたのが富士山レーダーです（写真1−7）。レーダーが技術的にどんなに進歩しても、地球の曲率があるために、遠くにある背の低い雲は地平線の下に隠れてみえなくなりますので、できるだけ高い場所に設置する必要がありますす。富士山は日本一高いというだけでなく、ここで捕らえる台風は、日本の中枢部である関東から東海を襲う台風であるからです。昭和39年（1964）11月に2年がかりで完成した富士山レーダーは、800km先まで観測できるよう、大気による減衰が少ない、波長が10cm

1-7　富士山測候所のレーダードーム（撤去前）

の電波が使われました。

このころになるとレーダーも進歩し、降水を定量的に観測ができるようになり、降水予報にも利用できるようになるなど、応用範囲が広がってきました。このため、台風のあまりこない北日本や日本海側の地方にもレーダーが設置され、現在は20台のレーダーでカバーされています。富士山以外の気象レーダーは、電子レンジに使われているのと同じ、水とよく反応する6㎝の電波を使っています。この電波は、比較的近くにある雨雲の強さを定量的に測るのに適しています。

気象衛星「ひまわり」が登場すると、台風をできるだけ遠方から捕らえるという役目は終わり、他のレーダーと同様に、降水を定量的に観測することになります。富士山レーダーは平成11年（1999）11月に廃止となり（27節参照）、そのかわりに、静岡県の牧之原と、長野県の車山（霧ケ峰）の2台のレーダーを新設していますが、波長は共に6㎝です（写真1―8）。

1-8　牧之原気象レーダー観測所（静岡地方気象台提供）

静岡県の地上気象（天気）

10　三島の霧と蒲原の雪

徳川家康は、全国支配のために江戸と各地を結ぶ5つの街道を整備し始め、4代将軍家綱の代になって基幹街道に定められました。これが、東海道、中仙道、甲州街道、奥州街道、日光街道の5つで、起点は江戸日本橋、一里（約4㎞）ごとに一里塚を設けたほか、一定間隔ごとに宿場を用意しました。東海道には53の宿場が置かれ、陸路、海路の旅を助けていました。このうちの4割以上が静岡県にあります。江戸と関西の交通の大動脈が円滑に機能するためには、静岡県が重要な意味を持っていたのです。江戸時代には、大きな川には橋がないために、災害に至らなくても、まとまった雨が降れば増水で川留めとなり、そこで交通の大動脈がストップします。「箱根8里は馬でも越すが、越すに越されぬ大井川」といわれた大井川の川越は大変で、旅人は川越人足を雇って川を渡る必要があり、増水で川留めになると何日も付近の宿場で水位が下がるのを待つことになります。このため、大井川を挟んだ23番目の嶋田宿と24番目の金谷宿は、ともに大きな宿場に発展しており、普通の宿場は本陣（大名や旗本、勅使などが使用した宿舎）は1～2軒なのに、ともに本陣が3軒もありました。

嶋田宿（静岡県島田市）や鞠子宿（現在は丸子宿と表記：静岡市駿河区）など、当時の宿場の様子を保存・再現して観光資源としているところも多いのですが、19番目の宿場である府中宿（駿府）にも、これに類する碑があります。それは、静岡市両替町にある「十返舎一九生家跡」の記念碑です。弥次さん喜多さんで有名な「東海道中膝栗毛」の作者である重田貞一は、明和2年（1765）に駿府町奉行同心の子どもとして砥屋町から屋形町界隈にあった同心屋敷生まれ、そこで青春時代を過ごしています。その後、武士を捨てて江戸にゆき、浮世絵商・蔦屋重三郎の食客となり、日本で初めて作家として生計を立てています。東海道中膝栗毛の随所で弥次さん喜多さんに駿府地方の方言をしゃべらせていることで、作者の出身地がわかるという人もいます。用いたペンネームの十返舎一九の「一九」は東海道19番目の宿場である府中をさすという説が有力です。私は勝手に、十返舎一九の「十」は箱根宿をさし、箱根越えのように苦労しているという意味を込めていると想像していますが、根拠はありません。

安藤広重の「東海道五十三次」は、東海道の53の宿場に出発点の江戸日本橋、終着点の京都三条大橋を加えた55枚の浮世絵です。このあまりにも有名な浮世絵は、4枚を除いて晴れ

2-1　三島の朝霧

の日のものです。美しい風景を描きやすい晴れの日と違い、「三島の朝霧」、「蒲原の夜の雪」、「庄野の白雨」、「土山の春の雨」の4枚は、雪が降った翌日の美しさを表現した「亀山の雪晴」とともに、作者の技量がもろにでた代表作となっています。

「三島の朝霧」（写真2―1）は、朝霧の中を東へ出発する馬に乗った旅人や駕籠（かご）に乗った旅人を描いており、三島神社の南側の大鳥居や街道を西へ下る行商人の姿が霧の中に浮かんでいます。少し内陸に入り、風が弱く、富士山からの湧き水が豊富な三島は、夜間の放射冷却がおきると朝霧がよく出ます。太陽が昇り気温が上がると晴れるのですが、次の宿場は15km先の、それも山道を越えての箱根ですので、霧の中の早立ちは多かったのではないかと思われます。

「蒲原の夜の雪」（写真2―2）は、深く雪が積もった道を2人の旅人が右へ、1人の町人が左へ歩いている構図で、静かな雪の夜に雪を踏む音が聞こえる思いがする傑作です。昭和35年（１９６０）の国際文通週間の記念切手の図柄に使われました。

2-2　蒲原の夜の雪

しかし、蒲原は駿河湾に面しており、標高も高くないので雪はあまり降りません。そのかわり降った場合は、宿場や昼間しかできない川の渡しは混雑します。蒲原宿で宿泊できなかった（しなかった）旅人が、西へ４kmの由比宿まで夜間の山道を急ぐことは考えにくく、東へ11kmの吉原宿へ向かっていると思われます（右側が吉原宿方向ということになります）。途中に富士川がありますので、ここでの混雑に巻き込まれないよう、朝一番の渡しを目指して夜道を急ぐ可能性が高いからです。

11　熱海と「寛一お宮の月」

古くからの湯治の地であり、海から熱い湯が湧き出ていたことから「熱海」といわれた静岡県東部にある熱海

2-3　貫一・お宮の像（熱海市提供）

は、明治28年（１８９５）に豆相人車鉄道が吉原まで開通（翌年に小田原まで延伸）し、東京方面からの観光客が集まりはじめます。当初は、長さ１・６ｍ、幅１・５ｍの人車は、４人乗りの上等、５人乗りの中等、６人乗りの下等の３種類があり、車丁が２～３人でレールの上を押していました。尾崎紅葉が明治30年（１８９７）１月から読売新聞に連載した「金色夜叉」の舞台を熱海にしたのも、熱海が注目を集め始めたからと思います。この小説は未完に終わりますが、昭和に入ると映画やテレビドラマなどで数多く取り上げられ、熱海サンビーチにある「お宮の松」と、一高生の間貫一が自分を裏切って富豪の富山唯継へ嫁ぐ許婚の鳴沢宮を下駄で蹴り飛ばす場面の銅像は、今でも観光スポットとなっています（写真2―3）。小説で「1月の17日、来年の今月今夜、再来年の今月今夜…僕の涙で必ず月は曇らしてみせる」

という有名なせりふがありますが、熱海の１月は冬型の気圧配置で晴れる日が多く、雲で月が隠れる可能性は少ないといえます。ただ、連載が始まった明治30年は満月の１月17日ですが、翌年は有明の月、翌々年は上限の月と、10年以上は満月ではありません。雲があろうとなかろうと、寛一の涙で満月は見られないのです。東京の１月17日の天気をみると、明治30年は晴れですが、翌年は曇り、10年後の明治40年（１９０７）は雨でした（明治40年までの10年間で晴れ、または快晴が５、曇り２、雨２、雪１回です）。

東海道本線の建設当時は、山岳地帯のトンネルを造る技術がなく、現在の御殿場線ルートで建設されました。しかし、輸送力強化と高速化が要求されたことから、熱海経由の路線が計画されます。大正14年（１９２５）に鉄道省熱海線（現在のＪＲ東海道本線）が開通し、これ以降、熱海は首都圏からの多くの観光客が押し寄せています。また、丹那トンネルが完成し、昭和９年（１９３４）に熱海と沼津間が開通すると、熱海線は東海道本線と改称になり、静岡や名古屋方面からも多くの観光客を集めています。

戦後の復興が早かった熱海ですが、昭和25年（１９５０）４月13日に熱海市渚町で発生した熱海大火では、熱海駅や市役所、警察署など市街地の４分の１が焼け、旅館も大部分が焼けています。しかし、これを乗り越え、新婚旅行や職場旅行の定番として、温泉や風景という観光資源と交通の便のよさを生かして発展が続いています。平成に入り、社員旅行の衰退と大型宿泊施設を敬遠するムードから観光客が減りましたが、その反面、リゾートマンションが増加しています。また、原油高や不景気で自動車利用者を意識した観光地では観光客が減少しても、都心の近くにあって鉄道交通の便がよい熱海は見直され、観光客も戻る傾向にあります。

12 東海道線の上を川が流れる

鉄道が川と交差するところでは、普通は、川に橋をかけ、川の上を鉄道が走っています。しかし、静岡市には、鉄道の上に水を流す橋をかけ、鉄道の上を川が流れているところがあります。それも、大動脈の東海道本線の真上です。場所は、JR東海道本線と静岡鉄道静岡清水線が並んで走っているところで、静岡鉄道の狐ケ崎駅付近です。川の名前は谷津沢川、長さが1260mという準用河川です。途中で200mほどの暗渠(あんきょ)に入りますが、暗渠の一部が線路の上の鉄製の水路橋です(写真2―4)。谷津沢川は下流で大沢川と合流し、その大沢川は巴川に合流して清水港がある折戸湾に流れ込みます。水路橋のあった場所は、もともと丘陵地で、日本平から谷津沢川が流れていました。それが、明治20年(1877)頃に

2-4　谷津沢川水路橋　東海道本線の真上を流れる谷津沢川。橋の上部は歩道橋として利用

東海道線を開通させるため、丘陵地を切り開いたときに川を残した名残です。切り開いたままでは東海道線のところで滝となり排水のための水路が必要となりますが、それは大きな問題ではありません。問題は、切り開いたところから下流の住民の生活です。水はわずかでも低い方へ低い方へと流れる性質がありますので、落差を小さく保てば広い範囲をうるおすことができますが、滝という大きな落差を作ってしまうと、うるおす範囲は一気に狭まります。水を高いところに汲み上げるのは大変ですので、生活の場より水面が低くなるということは、事実上、そこで生活ができなくなることです。そこで水路橋が造られたのです。その後の改修があり、現在の形に変わっていますが、小エネルギーで水

の恩恵を受け続けていることには変わりがありません。

水がわずかでも低い方へ低い方へと流れる性質は、時として思いがけない災害をもたらすことがあります。大きな窪地は「雨が降れば水がたまる」と意識して生活をしますが、周辺よりわずかに低い土地では、普段はそれを意識しないで生活をしています。しかし、自分のところでは強い雨が降っていなくても周辺に強い雨が降れば、わずかに低い土地であっても、たちどころに水が集まってきて水害になります。自分の身を守るためには、常に洪水ハザードマップなどを調べ、自分の周囲の状況を知っておくことが大事です。

13 アイオン台風と大崩海岸の海上橋

静岡市用宗と焼津市浜当目の間の4㎞の海岸は、断崖絶壁が続き、景勝地となっています（写真2―5）。しかし、大崩海岸と呼ばれるように、山・崖崩れがよくあり、通行には危険を伴いました。このため、東海道も駿府宿から海岸沿いに京に向かうのではなく、山道に入り、鞠子宿、宇津ノ谷峠を通って京に向かっていました。明治22年（1889）に東海道線を建設するとき、山の中に長いトンネルを掘る技術がまだなかったために海岸沿いに石部トンネルを掘ります。しかし、トンネル付近は山・崖崩れに悩まされ、昭和23年（1890）

9月16日に房総半島に上陸したアイオン台風により、焼津側が大きく崩壊しています。このため、東海道線は昭和19年（1944）にできた弾丸列車用の日本坂トンネルに移ります。

2-5　大崩海岸（焼津市提供）

昭和7年に満州国が中国東北部に誕生すると、朝鮮半島や中国大陸へ向かう需要が急増しました。そこで東京から下関まで広軌鉄道を建設し、高速列車を走らせようという弾丸列車構想が昭和13年（1938）からスタートします。この計画は太平洋戦争によって頓挫するのですが、日本坂トンネルは完成していたのです。後に東海道新幹線が建設されるときに、このトンネルを新幹線が通り、東海道線は新たに造った新・石部トンネルに移動しています。

道路も事情は同じです。東西交通の大動脈である国道1号線を補完する国道150号線が大崩海岸に造られたのは大正9年（1920）のことです。この道路も山・崖崩れに悩まされ、昭和46年（1971）7月

2-6　石部海上橋

5日午前8時40分には土砂崩れが発生し、通勤途上の車を直撃し、運転者が死亡しました。このため、翌年7月には、崩れても道路を直撃しないよう、沿岸から少し離れた所を通る石部海上橋が完成しています（写真2－6）。その後、国道150号線は、新日本坂トンネルを通る山側の道に変更となり、旧国道は、県道416号線となり、物流というより観光の道になっています。大崩海岸から県道416号線で静岡市に向かうと、再び国道150号線に合流します。そして、静岡市の海岸部を通り、久能山のふもとを通って清水港に向かいます。ここは石垣イチゴの産地であり、国道150号線は「いちご（150）街道」と呼ばれます。

14　太平洋側で北に流れる狩野川

鮎の友釣りの発祥の地として知られる狩野川は、静岡県伊豆半島の天城山から北に流れる川で、最下流の沼津市で向きを西にかえて駿河湾に注ぐ幹川流路が46㎞の一級河川です。今から6000年ほど前、駿河湾は今より内陸に迫っており、狩野川流域は海が入り込み、山地に囲まれた古狩野湾ができていました。周囲の山からの川が土砂を運び、富士山の活発な火山活動による降灰により古狩野湾の埋め立てが進んで沼沢化してゆきました。さらに埋め立てが進んで、最も低い場所が狩野川となってゆくわけですが、周囲の山からの土砂流入は続き、現在の平野部ができています。平野が周囲の高い山の麓(ふもと)まで広がり、その中に小さな山がところどころにあります。源頼朝が流された蛭ケ小島(ひるがこじま)など、現在の狩野川から数キロ離れている場所にある平野の中にある小さな山の周囲にも、かつては狩野川が流れていました。このような経緯から狩野川中流から下流に広がる平野は、ときどき大洪水に襲われますが、そのことで肥沃となっています。

天城山周辺ではもともと雨が多い地域で、標高差が大きいこと、最下流で大きく向きを変えることに加えて、太平洋側では唯一の南から北へ流れる大河であることから、昔から水害に悩まされてきました。太平洋側で大雨は、太平洋高気圧の強まりによる前線の北上や台風

2-7　狩野川放水路のトンネル（メンテ作業中）

の北上など、雨域が北上してくる場合が多くあります。北から南に流れる川の下流では、降り始めた雨がそのまま海に流れたあとに上流に降った雨が流れてきます。しかし、南から北へ流れる川の下流では、上流に降った雨が流れてきているときに雨が強まって、それが川に流れ込みますので、水害の危険性は高まります。

狩野川放水路は、狩野川下流域の洪水防止のため、昭和26年（1951）に静岡県田方郡江間村（現 伊豆の国市）と江浦湾を結ぶ放水路として建設が始まりました。しかし、予算難から計画は遅れに遅れ、完成の見込みが立たない状況でした。しかし、昭和33年（1958）9月26日夜に伊豆半島をかすめ関東地方に上陸した台風22号で状況が変わります。後に狩野川台風と名付けられたように、狩野川流域を中心に大きな被害が発生し、死者は１０００人を超えました。このため、狩野川放水路の完成が急がれ、２本トンネル計画を３本トンネルに拡充した放水路が完成したのは昭和40年（１９６５）７月のことです。この狩野川放水路のトンネルの大きさは、メンテ作業中のトラックの大きさと比べるとよくわかります（写真２−７）。

平成16年（２００４）10月の台風22号では、狩野川台風以後で最大の流量がありましたが、狩野川放水路により２・５ｍも水位を下げ狩野川本川の氾濫を防いでいます。このように、狩野川放水路は狩野川本川の洪水を防いできました。しかし、三島が新幹線車両基地になるなど、首都圏からの通勤圏内として三島や沼津などで急速に都市化が進むと、災害の様相も変わってきました。狩野川下流に合流している支川の黄瀬川・大場川などでは、道路舗装が進み、遊水地となる場所が減ったために降った雨がすぐに流れ込み、急激に水位が高くなる傾向が出始めました。このため、狩野川本川の水位が高い場合には、流れることができなくなり、決壊しないまでも内水氾濫で水がつくケースが目立つようになり、新たな災害対策が必要となっています。

図2-1　月ヶ瀬温泉療養学研究所

15　月ヶ瀬の教訓

日本では、かつて、多くの大学に温泉研究所が設けられ、温泉に関する研究が盛んに行われていましたが、直ちに研究成果が出なかったこともあり、ほとんど廃止あるいは、改編されています。しかし、温泉に病気を治す力があることは古くから知れ渡っており、湯治は盛んに行われています。このため、学問的に解明して欲しいという研究要望は根強くあります。

昭和16年（１９４１）８月、静岡県上狩野村（現 伊豆市）に慶應義塾医学部附属月ヶ瀬温泉療養学研究所ができ、昭和20年（１９４５）３月からは診療所も開設しています。ここは、狩野川の中州で、狩野川東方の山々にかかる美しい月を見ることができることから月ヶ瀬とも、温泉が湧き出ている島ということから中之島温泉とも呼ばれていたところで、食糧難から閉鎖していた旅館を買い取り、その建物を使っての研究所でした（図２―１）。

昭和21年（1946）8月に責任者として赴任してきた藤巻時男博士は、温泉気象医学の研究を始めます。温泉と気象を組み合わせれば、よりよい治療ができるとの考えに加え、中州にあり出水の危険がある場所ということから独自の気象観測を行い、ラジオで天気予報や漁業気象を聞き、毎日天気図を書いていました。昭和33年9月26日に狩野川台風が襲来したときは、気象観測やラジオの情報、自分の描いた天気図から、職員や患者30人を引き連れ早めに避難をしています。台風の大雨で狩野川は決壊、温泉療養学研究所は跡形もなく流されていますが、人的被害はありませんでした。藤巻時男は、数千人の患者の病気と気象との関係の記録や気圧・雨量の記録を失っていますが、「あの12年間の記録があったからこそ、逃げるときの基準になったのだ。でなかったら、全員死んでいたかもしれない」と述べています。

自分の住んでいる場所の危険性を正しく認識し、情報入手に努め、自らも周囲の状況に気を配り、適切な行動を素早く行って人命を守るという藤巻時男の行動は、「月ヶ瀬の教訓」として語り継がれています。その後、温泉療養学研究所のあった中州は、河川改修で左岸と陸続きとなり、昭和52年からは慶應義塾大学月が瀬リハビリテーションセンターとして、最高のリハビリテーション医療を行っています。

16　狩野川で囲まれた沼津アルプス

伊豆半島西側の付け根にあるＪＲ沼津駅付近にある香貫山から南南東に横山、徳倉山、鷲頭山、大平山など7つの山が連なっており、沼津アルプスと呼ばれています（図2―2）。一番高い山でも鷲頭山の392ｍしかありませんが、東京から日帰りができること、歩きごたえのある尾根道であること、そして裾野を広げた富士山と洋々たる海が同時に楽しめる絶景があることから、人気を集めています。平成16年に岩崎元郎が「新日本百名山」に沼津アルプスを選定したことも人気に拍車をかけています。

沼津アルプスの東側から北側を狩野川がまわりこむように流れて駿河湾に注ぎ、南側を狩野川放水路（14節参照）が流れて江浦湾から駿河湾に注ぎますので、沼津アルプスは狩野川と海に囲まれた大きな島ということもできます。

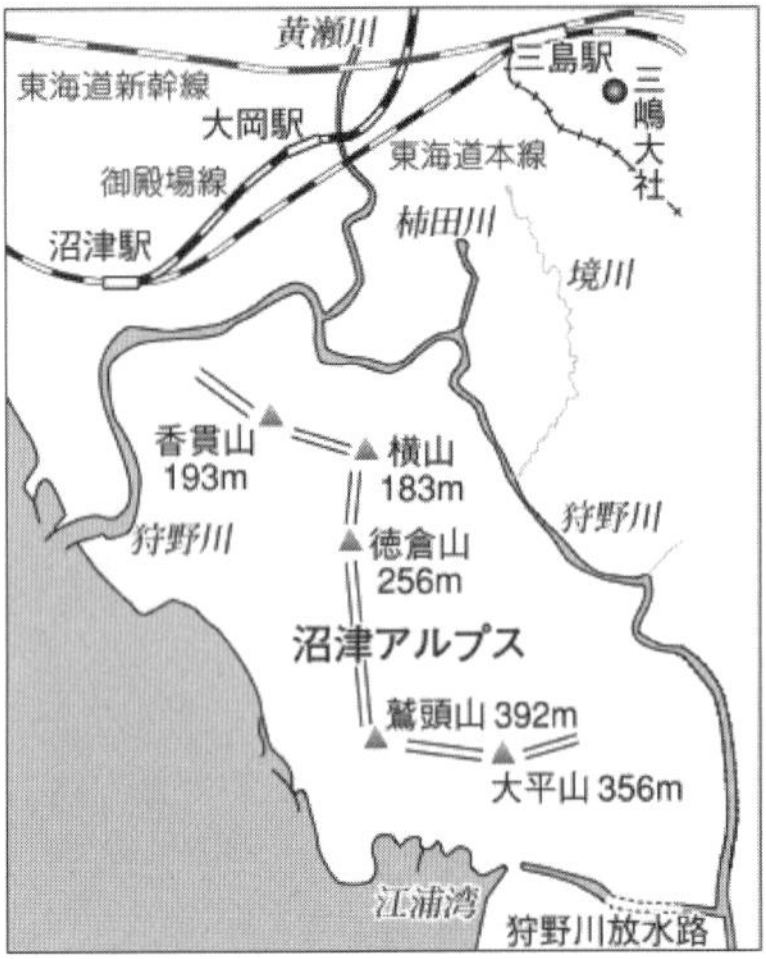

図 2-2　沼津アルプスの位置

17　小学3年生で七夕豪雨経験

さくらももこの人気漫画『ちびまる子ちゃん』は、作者の小学校（静岡市の清水入江小学校）の思い出を軸に描かれています。作者のペンネームについて、私は勝手に入江小学校近くの静岡鉄道の桜橋駅と、露地物では日本一早い静岡市特産の桃からと思っています。また、ちびまる子ちゃんの設定が、いつも小学校3年生なのは、作者自身の強烈な体験をした年であったからと思っています。

実体験が多いといわれる初期の作品に「まるちゃんの町は大洪水の巻」があります。小学校や友達の家が浸水したまるちゃんに「わたしは町が海になったこの日のことは本当に忘れられない　見慣れた町のウソみたいなあんな光景は幼心にものすごいショックであった」と言わせています。

これは、昭和49年（１９７４）の七夕(たなばた)の日に静岡市と清水市（合併して静岡市）が集中豪雨に見まわれたときの大洪水です。静岡地方気象台の7日9時からの24時間雨量は歴代1位の５０８㎜です。安倍川や巴川の氾濫、土砂崩などで死者27人、浸水家屋２万６０００棟等という大災害が発生しました（写真2―8）。清水市街を流れる巴川は、勾配がゆるやかで

2-8　七夕豪雨の清水市内の被害

昔から水運が盛んな川でしたが、これが浸水被害拡大の要因でした（33節参照）。現在では、大谷川放水路や麻機遊水池がつくられるなど防災対策が進んでいます。また、豪雨被害をきっかけに清水市内の路面電車が姿を消しました。

静岡県では七夕豪雨以後は大災害が起きていませんが、県内で大雨が降っていないということではありません。全国トップの地震対策は、同時に風水害対策も、危機管理も進んでいるということで、なんとか大災害を防いできたのです。大きな災害が発生すると、直接の被害者だけでなく、そこに住む多くの人に影響を与えます。気象台も防災機関の一員として、大災害を起こさせないために活動をしています。

18　伊豆東部の大雪と雪見遠足

静岡県は気候が温暖で、海岸部では雪がほとんど降らないか、降ってもほとんど積もりません。長い間の積雪の記録には、網代28㎝、浜松27㎝、三島18㎝、石廊崎10㎝、御前崎６㎝、静岡３㎝というものがありますが、ほとんどの年は、雪遊びをするほど積もりません。そこで、静岡県ならでの行事として雪見遠足が誕生しています。これは、海岸部の小学校や幼稚園などが主催し、富士山麓などで雪遊びをするというもので、昭和42年（１９６７）から始まったといわれます。当時、雪見遠足で初めて雪にふれたという子どもたちが多く、雪見遠足にゆけるよう、風邪をひかないために手洗いやうがいを一生懸命したという話が伝わっています。貴重な経験をした子どもたちが親となり、その子どもたちが雪見遠足にゆくという、親子で共通の話題になっていますが、最近ではゆとり教育の影響などで小学校ではほとんどなくなり、主催は幼稚園や保育園が主流となっています。

ＮＨＫ静岡放送局の取材で、三島の小学校で教鞭をとっていた女性の話「危ないと反対する校長先生を説得して全校児童でバス旅行をしたところ、作文に初めての雪への感動が綴られ、翌年以降は恒例の学校行事になった」。そのときのエピソード。めったに雪の積もらない三島ですが、最初の雪見遠足の２月12日には８㎝と10数年に１回という積雪がありました。

それほど雪を見たいなら見せてあげようとの天の皮肉な采配かもしれません。雪が多く降る地域、雪のある場所まで遠い地域では、最初から小さな子どもたちの雪見遠足の発想が出ませんので、静岡独特の行事です。

19 静岡県の分類と指定河川洪水予報

静岡県は、歴史的経緯や人口・面積から東日本に分類されることが多いのですが、経済分野で相対的に弱い西日本を補完するために、西日本に分類されることもあります。いろいろな分類がされる県です。静岡県知事は、中部圏知事会議と関東地方知事会の両方に所属しており、中央省庁や民間企業の管轄も、中部地方（東海地方）とする機関と関東地方とする機関が混在しています。しかも、同じ機関でも県をさらに分割している場合が少なくなく、その分割は統一がとれていません。例えば、富士川以西は中部電力静岡支社が担当し、商用電源の周波数は60ヘルツですが、富士川以東は東京電力沼津営業所が担当し、周波数は50ヘルツです。

風の神は、丁重に祀れば豊作をもたらし、祭りを怠ると作物に大きな被害をもたらす神様とされ、昔は各地で風祭が行われてきました。山に囲まれている富士川沿いは、普段は強い風が吹きませんが、台風や発達した低気圧で南風になるときは、強い風が吹いて被害が出ます。このため、風治めの祭りが行われているのですが、富士川の右岸（西側）では、風切り鎌を一軒、一軒立てて個別に風治めを行っています。これに対し、左岸（東側）では、集落でまとまって風治めの祭りを行っています。風祭りについて、富士川が東西文化の境目といわれることがあります。

気象庁は水防活動のため、国土交通省または都道府県の機関と共同して、あらかじめ指定した河川について、区間を決めて水位または流量を示した洪水の予報を行っています。静岡地方気象台は静岡県全域を担当していますが、国管理の河川について洪水予報を協同発表する場合、相手は4機関です。富士川については、国土交通省関東地方建設局沼津河川事務所と甲府地方気象台と3者共同で洪水予報を発表しています。しかし、その東にある狩野川については、国土交通省中部地方建設局沼津河川国道事務所と、西にある安倍川と大井川については中部地方建設局静岡河川事務所と、県西部の菊川と天竜川下流については中部地方建設局浜松河川国道事務所（天竜川上流は長野地方気象台と天竜川上流河川事務所が協同発表）との共同発表です。そして、お互いに協力して、市町村や住民がとるべき避難行動等との関連が理解しやすいように、標題を、「はん濫発生情報」、「はん濫危険情報」、「はん濫警

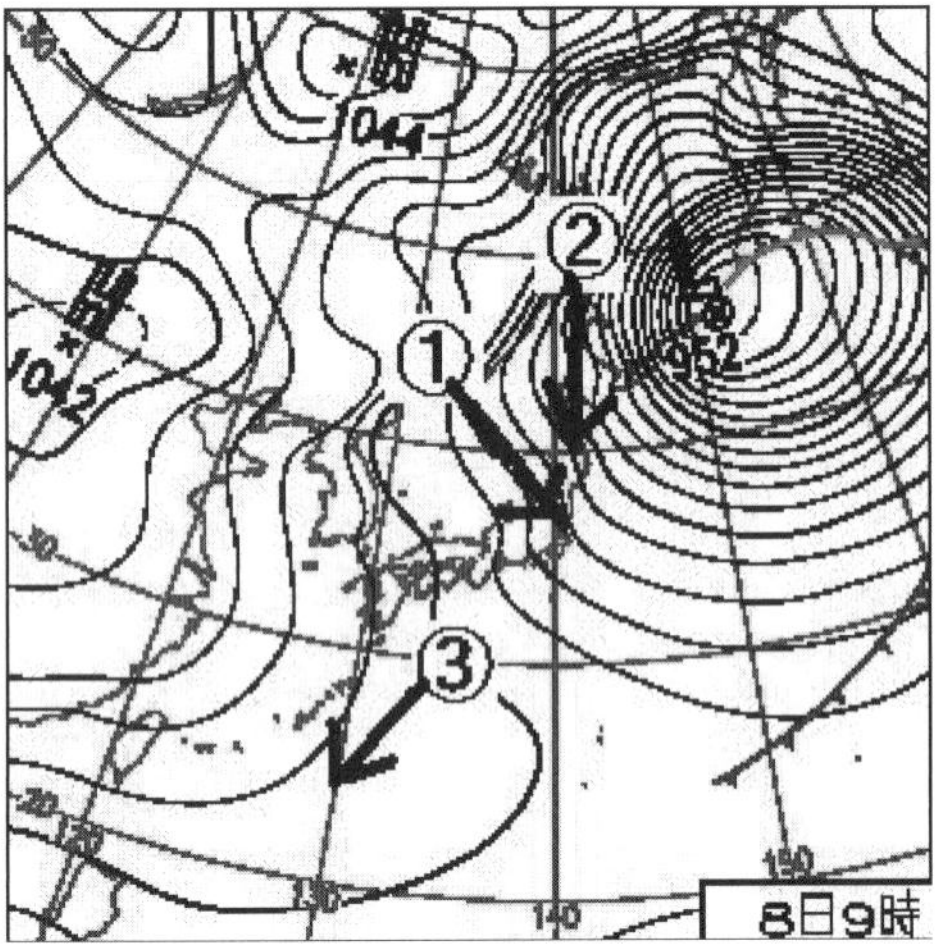

図 2-3　冬型気圧配置

戒情報」、「はん濫注意情報」とした洪水予報を発表しています。また、県管理の河川でも、太田川などは静岡県と静岡地方気象台が共同して国管理と同様な洪水予報を行っています。

20　冬型の気圧配置で遠州では西風

冬のシベリア地方では、太陽光がほとんど当たらず、寒気の塊であるシベリア高気圧を形成しています。相対的に暖かい千島近海からアリューシャン列島南部では気圧が低くなり、日本付近は西高東低（冬型）と呼ばれる気圧配置になります（図2―3）。シベリア高気圧からの寒気は、一般的には、東日本などでは北西の風、北海道では北風、沖縄では北東から東の季節風となって日本にやってきます。しかし、実際は地形の影響が加わり、もっと複雑です。静岡県では、北側に日本アルプスの山々が連なっていますので、北からの季節風は完全にブロックされます。このため、季節風は関ヶ原・伊勢湾を通ってきた西風です。浜松の1月の最大風速の記録を見ると、ほとんどが西北西、西、西南西です。このようなことは、和歌山県北部の紀の川沿いなど、北側に山脈がある地方で起きています。

冬の季節風は、日本海を渡るときに、相対的に暖かい海面から水蒸気の補給を受けて、下層が暖かくて湿潤という非常に不安定な大気に変質します。これが日本列島の中央部の山脈にぶつかって強制的に上昇させられて雲が発達し、日本海側に雪を降らせます。山を超えて太平洋側にくると、空気は下降させられて雲が消え快晴になるのが一般的です。しかし、関ヶ原では低い山脈を乗り越えて雪雲が入ります。新幹線が関ヶ原の雪で遅れるのはこのためですが、昔の東海道のように、桑名から南下して京都に向かうように設計されていたら、雪に悩まされることがなかったと思われます。

関ヶ原を通った雪雲は名古屋からは浜松、あるいは、桑名から伊勢神宮に雪を降らせます。しかも、伊勢湾の相対的に暖かい海面から水蒸気の補給を受けて雪雲が再発達することがあります。浜松付近や伊勢神宮付近では、太平洋側の地方といっても、冬型の気圧配置の時でも雪が降ります。

21　遠州灘沿岸は竜巻が多い

竜巻は、積乱雲に伴って発生する鉛直軸を持つ激しい渦巻きで、しばしば、ロート雲と呼ばれるロート状の雲（柱状の雲）を伴っています。竜巻の中心の気圧は周囲より低いために、地方面近くでは風は渦に向かって内側に吹き込み、上昇気流となって、回転しながら螺旋状にロート雲の中を巻きあがってゆきます。低気圧に似ていますが、低気圧は北半球では必ず反時計回りになるのに対して、竜巻では数が少ないのですが時計回りのものもあります。竜巻が通ったあとには、その通り道に集まる形で倒壊物が集まっています。

竜巻等の突風は、日本では1年間に約18個発生し、月別には9〜10月に、全体の8割以上は昼間に発生します。しかし、発生数の多少はあっても、全国各地で、どの季節でも、どの時間帯でも発生しています。これは、下層に強い暖気が入るか、上層に強い寒気が入るか、あるいは両方かの時に発生するといっても、そのような気象条件が、台風、気圧の谷、寒冷前線、寒気の移流、暖気の移流など多種にわたっているからです。

竜巻などの風速を建物の被害調査から推定するために、シカゴ大学の藤田哲也博士が作ったのが藤田スケール（Ｆスケール：表２―１）で、日本で観測された竜巻では、平成18年（２００６）11月7日に北海道の佐呂間町で発生した竜巻などのＦ３が最強ですが、アメリ

表 2-1　藤田スケール　風速は、空気塊が約 400 m を進む間の平均風速であり、階級により平均をとる時間が異なる

藤田スケール	風速	説明
F 0	17 ～ 32m/s (約 15 秒間の平均)	テレビのアンテナなど弱い構造物が壊れる。小枝が折れ、また根の浅い木が傾くことがある。非住家が壊れるかもしれない。
F 1	33 ～ 49m/s (約 10 秒間の平均)	屋根瓦が飛び、ガラス窓が割れる。ビニールハウスの被害甚大。根の弱い木は倒れ、強い木の幹が折れたりする。走っている自動車が横風を受けると、道から吹き落とされる。
F 2	50 ～ 69m/s (約 7 秒間の平均)	住家の屋根がはぎとられ、弱い非住家は倒壊する。大木が倒れたり、ねじ切られる。自動車が道から吹き飛ばされ、汽車が脱線することがある。
F 3	70 ～ 92m/s (約 5 秒間の平均)	壁が押し倒され住家が倒壊する。非住家はバラバラになって飛散し、鉄骨づくりでもつぶれる。汽車は転覆し、自動車が持ち上げられて飛ばされる。森林の大木でも大半は折れるか倒れるかし、引き抜かれることもある。
F 4	93 ～ 116m/s (約 4 秒間の平均)	住家がバラバラになってあたりに飛散し、弱い非住家は跡形もなく吹き飛ばされてしまう。鉄骨づくりでもペシャンコ。列車が吹き飛ばされ、自動車は何十メートルも空中飛行する。1トン以上もある物体が降ってきて、危険この上ない。
F 5	117 ～ 142m/s (約 3 秒間の平均)	住家は跡形もなく吹き飛ばされるし、立木の皮がはぎ取られてしまったりする。自動車、列車などが持ち上げられて飛行し、とんでもないところまで飛ばされる。数トンもある物体がどこからともなく降ってくる。

カではＦ５の竜巻が毎年何個も発生しています。

竜巻発生数を都道府県別にみると、１位が沖縄県で、北海道、高知県、宮崎県、鹿児島県、愛知県と続き、静岡県は17位です。静岡県内では、西部の沿岸で多く、愛知県渥美半島で竜巻が多いことを考えると、遠州灘沿岸では竜巻が多いということができます（図２－４）。ここは、関ヶ原・伊勢湾を通って北から強い寒気が入りやすいことに加えて、台風の循環や太平洋高気圧周辺の気流によって、南から強い暖気が突入しやすい場所と考えられています。

図2-4　竜巻分布図

22　温暖前線が九州でも富士山は通過

低気圧が発生したり発達するのは、冷たい空気（重たい空気）が暖かい空気（軽い空気）

の下にもぐりこんだり、暖かい空気が冷たい空気の上にはい上がろうとするエネルギーによるからです。冷たい空気と暖かい空気の境目（前線面）と地表面との交線が前線で、低気圧はこの前線上で発生・発達し、前線が形成されなくなると衰弱します。というのが一般的な説明です。そして、温暖前線は、冷たい空気の上に暖かい空気が上昇しながら冷たい空気を押し進めるもので、前線の寒気側の比較的広い範囲で曇雨天になります。温暖前線の傾きは200分の1から300分の1です。というのが、もう少し詳しい説明です。私たちの生活と密接な関係がある気象は、地表面付近のごく薄い大気の中で起こっているのですが、そのまま図示するとわかりにくくなるので、鉛直方向を大きく引き延ばした図が使われます（図2—5）。このため、試験では「温暖前線の傾きは200分の1から300分の1」と書く人でも、高い山では意外に早く前線面が通過することを見落としがちです。

例えば、種子島付近に温暖前線があり、300分の1の傾きで上に上がっているとします。種子島付近の温暖前線から約650㎞離れた富士山では6合目（2500m）よりも高いところでは前線面より上の暖気側に入っています（図2—6）。つまり、温暖前線が九州の南海上にあるといっても、紀伊半島で一番高い大塔山（1122m）では温暖前線が通過していなくても、富士山ではすでに温暖前線が通過しています。実際には、温暖前線の傾きの他

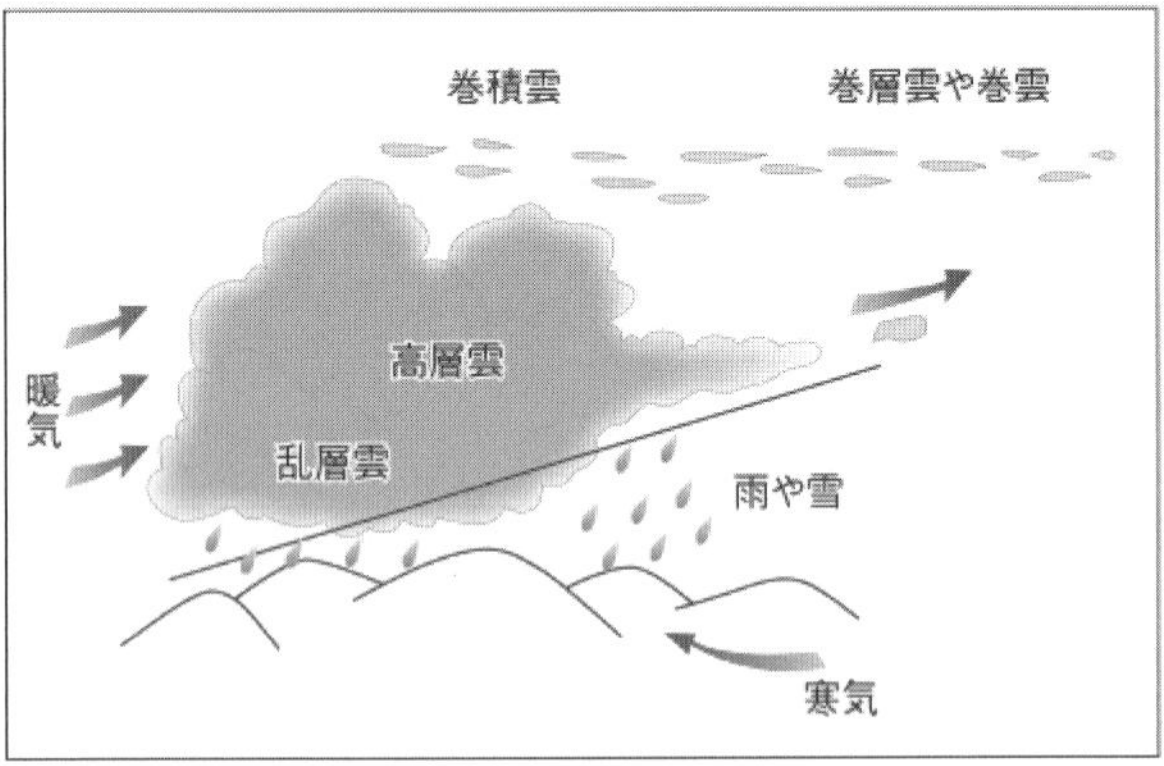

図 2-5　温暖前線の構造

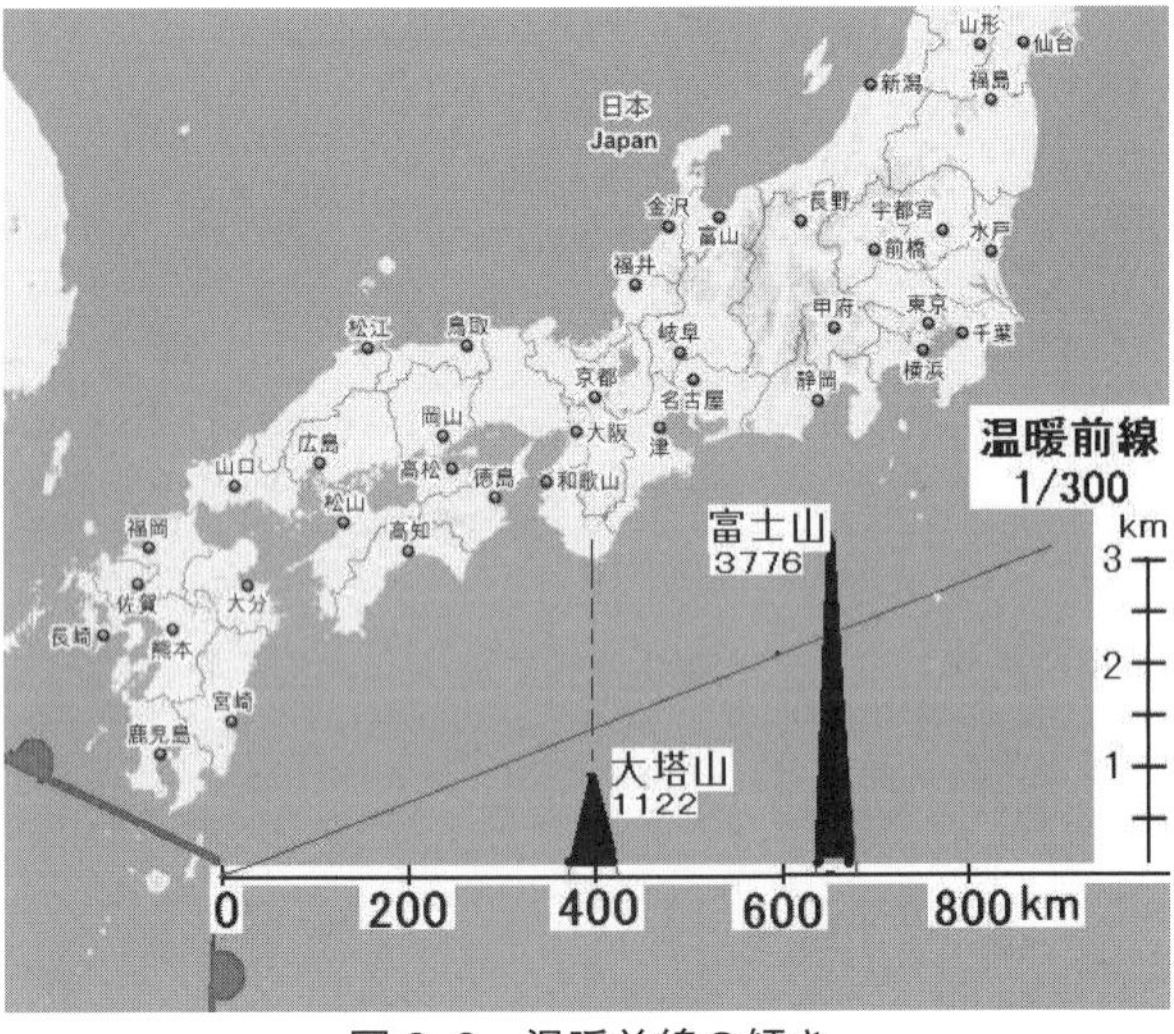

図 2-6　温暖前線の傾き

に、地形による強制的な空気の上昇なども加わりますので、高い山での天気の崩れは、平地での天気の崩れより、かなり早くなります。「低気圧が遠くにあるので大丈夫」は山では通用しません。遭難を防ぐためには、早めに切り上げる勇気が必要です。

静岡県の高層気象（航空）

23　天竜の材木と福長飛行機製作所

日本初の国産旅客機は、大正11年（1922）に天竜川河口の竜洋町（現　磐田市）にあった福長飛行機製作所が造った「天竜10号」です（写真3―1）。6人乗りの飛行機は、客室が胴体の中にすっぽり収まってしまう型（キャビン型）など、いろいろ新しい技術が取り入れられ、画期的なものでした。

福長浅雄は、明治26年（1893）に飯田村（現　浜松市）に8人兄弟の5番目の子として貧しい家に生まれ、飯田小学校を卒業後、父親のように製材所に勤めます。人一倍研究熱心であった浅雄は、16才のときに父親と兵庫県に出かけ、外国製の製材機を買い入れて新しい工場を造ります。天竜川流域は良質の木材が採れ、製材業が盛んでしたが、当時は人手をかけて木から木材を切り出していました。浅雄の安く大量の木材を生産できた機械式工場は急成長し、財をなすようになります。浅雄は、子どもの頃に夢見た飛行機乗りになりたいと、家業を兄たちに譲り、飛行家に弟子入りしたり、古い飛行機を買い入れ、他人の飛行機の組立てや修理などをして飛行しました。そして、大正7年の故郷凱旋飛行では、天竜川の河原

3-1　日本初の民間旅客機「天竜10号」（福長浅雄顕彰委員会提供）

に４万人もの人が集まっています。これからは飛行機の時代だと確信した浅雄は、自分で飛行機を製作しようと考え、弟達と福長飛行機製作所をつくります。これが28才の時でした。次第に大きな飛行機にとりかかっていった結果が天竜10号です。天竜の木材は、福長浅雄の行動を可能にした資金となり、また、天竜10号にもふんだんに使われました。

しかし、天竜10号は、重石の砂袋を載せた検査には合格しましたが、法律ができていないなどの理由で認可されませんでした。また、政府の安い価格での軍用機払下げや国によるパイロット養成などで会社経営が圧迫され、その後の発展はありませんでした。ただ、福長飛行機製作所には、飛行機にあこがれた多くの若者が集まり、全日本空輸（ANA）の創立に尽くした鳥居清次、中央気象台で画期的な観測を行った根岸錦蔵（24～26節、43節参照）、女性飛行士の草分けで昭和51年のNHK連続テレビ小説「雲のじゅうたん（主演 浅茅陽子）」のモデルの一人となった今井小松（雲井龍子）など、その後の民間航空事業を支える人材が育っています。福長浅雄の夢見たように、飛行機の時代が到来したのです。福長浅雄が卒業した飯田小学校（当時は西大塚尋常小学校）では、正門近くに「日本最初の旅客機」の記念碑が立っており、様々な困難にも負けずに自分の夢に向かって精一杯努力してゆく福長浅雄の姿勢を学ぼうという教育が行われています。

24　高層気象観測は三保から

大正末期から昭和初期にかけて、航空機の民間利用が実用化のきざしを受け、中央気象台では、大正12年（1923）年3月に航空気象を業務に付け加え、昭和6年（1931）8月に東京府荏原郡羽田町に羽田飛行場ができると中央気象台分室を設置し、その後次々に飛行場に分室ができます。旅客輸送は絶対安全であることが求められますが、経済性・定時性や快適さも求められます。しかも当時の飛行機は、全てが有視界飛行で、気象条件に大きく左右されていたからです（28節参照）。

これらの動きとは別に、中央気象台は、昭和7年（1932）6月17日に、現在の静岡市清水区の三保で飛行場を経営し、自らがパイロットである根岸錦蔵に対して「高層気象観測事務ヲ職託ス。清水ニ従事スベシ」との辞令を出します。昭和7年8月1日から9年（1934）8月31日までの国際極年観測（注）を行うことを主要業務とした中央気象台三保臨時出張所の誕生です。静岡県会議員で鈴与社長の鈴木与平は、「学問発展のために欧米列強と一緒になって観測を行うということは美挙である」として飛行機を買い与え、小倉石油社長の小倉常吉は必要なガソリンを寄付しています。このため、中央気象台では予算なしで、関口鯉吉技師の下、国際極年観測として飛行機による気象観測を日本で初めて成功させていますす（写真3―2）。なぜ静岡かというと、関口技師の実兄である加藤周蔵が静岡市で写真業を営んでいたこと、加藤周蔵の静岡中学時代の同級生で同じ野球部だったのが鈴木与平、鈴木与平が事業を援助していたのが根岸錦蔵、日本橋にあった根岸錦蔵の実家の近所で錦蔵を小さいときから知っていた小倉常吉等々、人脈の繋がりがあったからです。

（注）極地に観測点を環状に配置して科学的な同時観測を大規模に行うというオーストリアのカール・ヴァイプレヒト（C. Weyprecht）の提案で、明治15年（1882）8月1日か

3-2　三保空港における飛行機での気象観測

ら13カ月にわたって国際極年観測が行われます。フランスのアンリー・ベクレルの勧めもあり、日本でも時期を合わせて内務省地理局と工部省電信局共同で地磁気観測を行う（気象庁の地磁気観測の始まり）など、自主参加で協力をしています。その50年後、第2回国際極年観測が計画され、日本も参加することになります。そして、この事業のため、富士山頂での気象観測が計画され、昭和7年7月に臨時富士山頂観測所が山頂東安原につくられ、8月1日から13カ月の観測が行われます。第2回国際極年観測期間が終わっても、その観測の多くはしばらく継続されました。国際極年観測は、25年後の昭和32年（1899）に行われた国際地球観測年に引き継がれています。そして、現在では、特別に国際協力で詳しい観測をするという時代から、常に国際協力で詳しい観測を継続するという時代に変わっています。

25　東京航空輸送の近代的天女

昭和４年（１９２９）11月、パイロット養成をしていた日本飛行学校は、サイドビジネスとして東京航空輸送を作り、東京（羽田）と下田間に定期航空路を開設し、すぐに清水まで延長します。静岡県は、東京航空輸送の経営を助けるためか、翌年から上空から海面付近を群をなしているマグロなどの位置を漁船に知らせる魚群探査事業（７節参照）を委託しています。図３―１は、昭和６年９月23日の魚群探険飛行ですが、駿河湾を飛行中にカツオを６群、黄肌マグロを１群発見し、出漁していた９隻の漁船に対して８個の報告筒を投下しています。その東京航空輸送は、昭和６年４月１日から日本初の女性乗務員を乗せてのサービスを行っています。６人乗り（乗員を除くと乗客３人）の水上飛行機にエアーガールという名前で乗務させ、私たちが乗るほど安全というＰＲ効果もあったといわれています。世界で初めてボーイング航空輸送が女子乗務員を乗せてサービスを行ったのが11カ月前のことですので、かなり早い段階での試みです。

よく搭乗したという菊池寛は、「エアーガールは近代的天女である」と表現していますが、清水にある美保の松原の天女伝説を意識してのことかもしれません。サービス開始直前の３月29日の試乗で愛嬢とともに乗った小泉又治郎逓信大臣は、「この芳江はプロペラの音を大

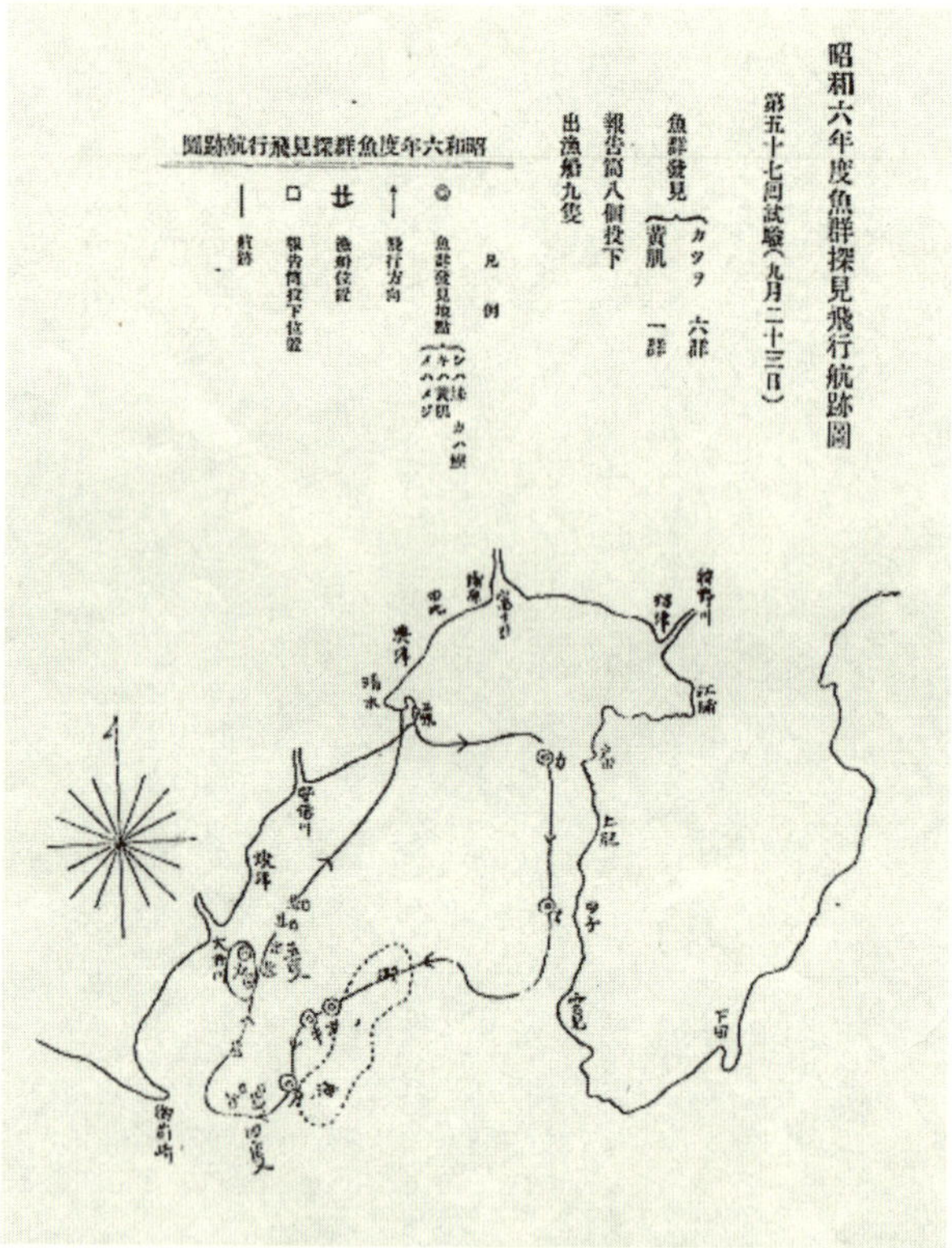

図 3-1　魚群探検飛行航跡

変気にするが、私はプロペラの音があって飛行機に乗った気がする」と語っています。この愛嬢が、のちに鮫島純也（防衛庁長官などを歴任）を婿にとり、小泉純一郎元総理大臣を産んでいます。東京航空輸送による天女は、1年程で中止となりますが、乗客に少しでも快適な空の旅を届けようという試みが始まったのは静岡県ということになります。

東京航空輸送の魚群探査事業は、記録的なマグロの豊漁をもたらし、それを使った「ツナ缶」が静岡県の重要な輸出品となっています。一方、東京航空輸送に委託するまで魚群探査事業を企画・推進してきた根岸錦蔵は、しばらくして職を辞し、以後、中央気象台の依頼で国際極年観測、皆既日食観測、流氷観測と、飛行機を使った画期的な観測を次々に行っています（24節・26節参照）。

26 女満別空港の原点は三保

中央気象台の関口鯉吉は、国際極年観測として、昭和7〜8年の飛行機を用いた高層気象観測が成功すると（24節参照）、次は昭和11年（1936）6月19日の皆既日食の観測を飛行機で行うことを計画します。北海道のオホーツク海沿岸を皆既日食の中心線が通過するため、オホーツク海沿岸に飛行場があれば、たとえ曇っていても、飛行機で雲の上から日食の観測が可能だからです。そのための計画をしていた昭和9年、いろいろな気象災害が一度に起きます。室戸台風による強風害と風水害、西日本の干ばつ、そして北日本の冷害です。東北地方の水稲の作況指数は61と、深刻な社会問題となった冷害は、その対策のためにオホーツク海の流氷観測を行うことになります。関口鯉吉は、農林省委託の流氷観測と皆既日食を組み合わせることとし、国際極年観測でタッグを組んだ根岸錦蔵と北海道へ向かいます。この時に、関口の甥で女満別に住む本多三郎から女満別はどうかと声をかけられます。流氷観測も皆既日食観測もできそうな広々とした雪原を見た2人は、さっそく女満別村役場で相談すると、村長の森谷新作をはじめ村会議員は協力を快諾、村有競馬場の10年間の無償貸与を決めています。

昭和10年（1935）3月、根岸錦蔵以下、三保空港出張所の全員（5人）が飛行機を伴って女満別に移動しました。雪解けの競馬場は大木の切り株が顔を出しており、とても飛行機が飛べる状態ではありませんでしたが、村民総動員の協力による突貫工事で1週間あまりで女満別気象台空港の滑走路（長さ300m、幅50m）ができています。そして、3月23日に初の流氷観測のために飛行機が女満別村始まって以来の人出の中、大歓声に送られて飛び立っています。ほとんどの人は飛行機を見たことがない時代で、このとき使用した飛行機は、筑波山測候所をつくり、棺には天気図が納められたというほど気象に興味を持っていた山階宮武彦王からいただいた複葉機です（写真3―3）。そして、流氷観測が年度末に継続して行われるようになり、昭和11年の皆既日食観測も計画通りに行われました（59節参照）。

この間、流氷の南下が遅かった昭和12年（1937）、根岸錦蔵は、予算の関係で年度内に引き上げよという中央気象台の命令を無視し、4月に遅れて南下してきた流氷を観測してから東京に帰ります。そして、「おれは予算のために飛んでいるのではなく、百姓のために飛んでいるのだ」と岡田武松中央気象台長を殴ったという逸話が残っています。その結果、岡田台長は大蔵省と折衝し、流氷関係予算だけは年度をまたいでもよいとの特例扱いとなっています。その後、流氷観測は観測範囲を拡大し、海霧観測も兼ねて行うことになり

3-3　山階宮武彦王からもらった第１回流氷観測機
（大空町役場提供）

ましたので、年度をまたいでの観測が通常となっています。昭和19年（1944）5月7日、流氷観測から帰ってきた観測機は、着陸寸前に横風を受けて飛行場に墜落、機体が大破していますが、根岸錦蔵が衝突直前にエンジンを切るなどの緊急操作で乗員は軽傷を負っただけでしたが、この日が中央気象台による流氷観測の最後の日になっています。飛行機の幅さえあれば離着陸できたという根岸錦蔵の腕と、雪の中に長時間たって帰還する飛行機の目印となっていた職員などとのチームワークの良さに支えられた10年間の観測でした。

なお、女満別気象台空港は、太平洋戦争中の昭和18年（1943）に海軍美幌航空隊第2基地となり、戦後はアメリカ軍に接収されています。そして昭和33年（1958）7月に接収が解除となり、38年（1963）4月15日からは新しい女満別空港として出発し、北海道の代表的な空港に成長しています。

コラム　**日本で観測できる皆既日食**

「日食」とは、月が太陽の前を横切るために、月によって太陽の一部（または全部）が隠される現象です。太陽が月によって全部隠れれば「皆既日食」で、太陽のまわりにはコロナが広がっている様子や、太陽表面から吹き出ている赤いプロミネンスなども観察することができます。空は暗くなりますので、星を見ることができます。普段は太陽からの強い光にじゃまされて詳しい観測ができないことがいろいろと観測できますので、人工衛星が登場するまでは、地球学者にとって皆既日食は未知の現象解明の一大チャンスでした。しかし、月が地球の周りを公転する軌道は、地球が太陽の周りを公転する軌道と、5度ほど傾いているため、太陽と月と地球が一直線上に並ぶのは珍しいことです。しかも、皆既日食の詳しい観測ができる場所、つまり、人々が生活している陸地でとなるとそうめったには起きません。また、晴れていなければ地上からの観測はできませんので、皆既日食が起きる地域に複数の観測隊を配置して少しでも観測チャンスを増やそうということが行われました。

昭和11年6月19日にオホーツク海沿岸地方での皆既日食の観測以降、日本で観測されたのは、23年後の昭和38年7月21日の北海道東部、さらに46年後の平成21年（２００９）7月22日のトカラ列島、さらに26年後の２０３５年9月2日の北陸・北関東ということになりますので、20から50年に1回の現象ということになります。

なお、太陽のほうが月より大きく見えるため（月が地球から離れている場合）、月のまわりから太陽がはみ出して見えるときを「金環食」、月が太陽の一部しか隠されないときには「部分日食」と呼びます。

27　富士山測候所と野中至

明治28年（1895）8月30日、野中至は日本最高峰の富士山頂剣が峰に自費で観測所を建設します。野中至は通年観測が必要と中央気象台に働きかけ、苛酷な気象状態となる冬でも観測が可能であることを示そうとしたのです。10月より妻の千代子と観測を開始しますが、当時の不十分な装備では越冬できず、12月末に下山します。しかし、この試みは大きな反響を呼び、毎年夏には1カ月以上にわたる富士山頂での観測が行われるようになります。野中至も富士山が展望できる御殿場市中畑（通称野中山）に別荘を建て、ここを拠点に富士山の観測を行います。のちに、御殿場市では野中至の別荘地の場所に「野中至・千代子顕彰碑」を建てています。また、富士山観測を支えた人々を排出した小山町には、「強力伝」や「芙蓉の人」など富士山観測を描いた新田次郎の文学碑があります。

昭和7年の国際極年観測（24節参照）で、中央気象台では富士山頂安河原に富士山臨時測候所を開設し、通年観測を行います。富士山頂観測所の通信設備として、山頂観測所と中央気象台の間は短波無線電信、山頂と三島支台の間は超短波（VHF）無線電信電話が設置されますが、当時、VHFはまだ実験段階で実用化していませんでした。このため、気象

3-4　剣ヶ峰に移設工事中の富士山頂気象観測所（気象庁提供）

無線担当の気象台職員は、ＶＨＦの研究を行っている試験所を訪ねたり、文献を調べるなどして送受信機２台を自作し、山頂と三島に設置されました。通信開始の昭和７年８月31日は、無線電話が実用化した日でもあります。

国際極年観測終了後、観測者から、せっかく設備ができたので、わずかな予算で次年度以降も富士山頂で観測できるという要望が出ます。国の予算はつきませんでしたが、三井報恩会が資金援助をし、観測が継続されます。その成果から、昭和11年に日本最高峰の剣ヶ峯に測候所を移転し、常設の測候所ができます（写真３―４）。観測の支援拠点は、初期の頃から御殿場に置かれ、職員の通勤や物資搬送は主に御殿場口登山道が使われました。

3-5　富士山特別地域観測所（気象庁提供）

昭和39年（１９６４）には富士山測候所に気象レーダーが設置されます。レーダー観測は平成11年（１９９９）11月に廃止となり、レーダードームは、山梨県富士吉田市の富士山レーダードーム館（道の駅富士吉田に隣接）に展示されています。そして、富士山測候所は、平成16年（２００４）10月１日に無人化され、平成20年（２００８）10月１日からは富士山特別地域気象観測所（写真３―５）になっています。

28　航空気象観測の拠点となった三島支台

明治末期から昭和初期にかけての気象機関は、国の機関として中央気象台があり、各県等の機関として測候所がありました。中央気象台では、全国気象協議会を開催するなど、測候所の技術指導等を行っていましたが、国の組織と地方の組織に分かれていました。

飛行機の利用が進み、航空事業が軌道に乗り始めると、中央気象台は地方組織をつくり始めます。昭和5年（1930）5月15日に臨時三島出張所を創立し、8月25日には三島支台に昇格させています。同時に誕生したのが大阪支台（現 大阪管区気象台）と福岡支台（現福岡管区気象台）ですので、かなりの権限をもたせた組織です。また、同時に東京と大阪を結ぶ航空路の難所である箱根に箱根山測候所をつくり、三島支台の下に置きます。三島地台には航空気象観測の拠点の役割が期待されました（29節参照）。

戦争の足音が近づき、気象業務が膨大になってくると、国と地方で組織では対応しにくくなり、地方官署の国営移管が進められ、昭和14年10月31日の気象官署官制によって再編が行われます。三島支台は三島測候所になり東京管区気象台のもとに置かれます（8節参照）。しかし、建物等はそのまま使われましたので、鉄筋コンクリート2階建、玄関や窓にステンドグラス、大理石造りの階段があるなど、測候所としては桁違いに豪華な建物で、珍しい機器も残されました（写真3―6）。昭和51年に大掛かりな補修工事が行われ、窓のサッシ化に伴いステンドグラスは玄関上部を除いて撤去されましたが、昭和57年（1982）に日本建築学会が選んだ「明治以降の名建築2000」に入っています。その理由は、姿形がよく、

3-6　旧三島測候所庁舎（三島市教育委員会提供）

地域の歴史をたどるうえで重要というものです。

三島測候所は、平成15年（２００３）10月に無人化され、特別地域気象観測所として観測を継続していますが、建物と敷地の一部は三島市が取得しています。敷地は三島測候所記念公園になり、建物は平成21年４月１日から環境教育の拠点となるエコセンターとしての利用が始まり、展示室では三島測候所の観測機器や資料を見ることができます。竣工当時は、田園地帯の中に孤立した存在であったといわれていますが、現在では住宅地で囲まれ、市街地の中の貴重な公共施設となっています。

29　空の難所の箱根越え

昭和初期の飛行機は、陸上の目標を見ながら飛行していました。高い高度を飛行する能力もありませんので、昼間に海岸線に沿って飛行するというのが一般的でした。東京から西へ向かう場合、安全に飛行するなら伊豆半島を一周するという方法もありましたが、時間と燃料を多く使います。そこで、箱根越えの飛行ルートが選択されるのですが、夏はほとんど毎日、冬でも3分の1は霧が出る場所です。安全に箱根の難所を越えることが大きな課題となります。

箱根山測候所は、昭和4年10月5日に三島市海平（芦ノ湖南東の神奈川県境に近い場所）に設立、翌11年1月から気象観測を始めています（図3―2）。そして、中央気象台が航空気象観測の拠点として三島測候所を三島支台に強化した昭和5年8月25日から、三島支台付属の測候所となり、箱根越えの飛行機を支援しています。

昭和8年（1933）8月7日、当時日本を代表した女性操縦士・朴敬元が朝鮮の伝説で、幸せを運ぶ青い燕（つばめ）から「青燕」と名付けた複葉機で朝鮮・満州に向かう途中、霧の箱根山で進路を誤り、多賀村（現　熱海市）の玄ケ岳に衝突、女性で最初の航空犠牲者になってしまいました。箱根山測候所が飛行機の音を聞いた8分後のことでした。朝鮮半島出身の朴敬元には、日本、朝鮮、満州の民族の和を推進したいという世論の後押しがあったとはいえ、女性飛行士に対する多くの偏見がありました。これらの障害を乗り越えて大空を駆けめぐり、日本から単独で海峡横断を試みるという行動は、後輩の女性飛行士に勇気を与えています。このため、没後40年にあたる昭和49年（1974）には、戦前の女性飛行士の「紅翼会」が中心となって慰霊祭が行われています。

図 3-2　箱根山測候所の位置

昭和10年11月20日付け大阪朝日新聞の「空の難所『箱根』無電で征服」という記事では、箱根無線局が羽田飛行場に通報していた三島支台と箱根山測候所が発表した航空気象を飛行機に伝えることが可能になったことや、既存の箱根連山5カ所の航空灯台に加えて、東京へ向かう飛行機のために三島に大信号柱をたてる計画があることを伝えていますが、飛行機の進歩を考えると隔世の感がある報道です。

30　十国峠と航空灯台

現在の行政区と昔の国境は違いますが、昔の国境にちなむ地名は各地にいろいろあります。例えば、東京都にある隅田川に架けられた武蔵・下総国境の橋が両国橋、大阪府堺市にある和泉・摂津・河内の境にある丘が三国ケ丘です。また、見晴らしのよい場所では、何国が見渡せるかが地名になっているところがかなりあります。六国峠（神奈川県鎌倉市：武蔵・相模・上総・下総・伊豆・駿河または安房）、七国山（東京都町田市：相模・甲斐・伊豆・駿河・信濃・上野・下野）、八国山（東京都東村山市：上野・下野・常盤・安房・相模・駿河・信濃・甲斐）、八国見山（広島県口和町：備後・安芸・出雲・隠岐・石見・備中・伊予・伯耆）などですが、十国という多さは静岡県東部の十国峠だけです。静岡県函南町の熱海市との境界付近に標高770mの日金山があり、頂上付近は十国峠と呼ばれています。伊豆・相模・駿河・遠江・甲斐・安房・武蔵・上総・下総・信濃の十国と伊豆大島・三宅島など五島を見ることができます。

見晴らしのよい十国峠には、かつて航空灯台が設けられ、富士山の絶景とともに近代化を象徴する名所となっており、絵はがきも作られていました（写真3―7）。航空灯台は、夜間飛行の目印として昭和8年から本格的に整備されたもので、航空灯台は、焼津市花沢山や

3-7　十国峠航空灯台（熱海市提供）

湖西市神石山など、東京から九州まで約20～40kmごとに設置されました。直径60cmのレンズを使い、電球の光を10km先まで届かせたといわれ、電球が切れた場合に備え、すぐに予備電球に取り換える装置がついていたといわれます。飛行機の発達と共に航空灯台は役目を終えますが、航空灯台のあった場所は見晴らしのよい場所であり、観光の人気スポットになっています。

31　雲の伯爵と富士山上空の雲

御殿場市二の岡に、かって阿部雲気流観測所がありました（写真3―8）。日米和親条約締結時の筆頭老中・阿部正弘（備後・福山藩）を祖先にもつ阿部正直（まさなお）伯爵が昭和2年（1927）に設立したもので、阿部伯爵は東京帝国大学理学部を卒業後、映画

3-8　阿部雲気流観測所

を使って富士山を中心とした雲の研究に一生をささげた人です。非常に高価であったカメラやフィルムを多用し、2台のカメラで雲を立体的に把握、その時間変化をみることで、雲がどう移動し、どう変化するかということを研究しました。御殿場で風船をあげて上空の風を観測したり、東京文京区本郷西片町の邸内に実験室をつくり、風洞実験で雲の再現を試みています。当初は、私設の観測所でしたが、昭和12年には中央気象台（現 気象庁）委託観測所となり、阿部伯爵は気象観測事務嘱託となりました。

阿部正直の業績は、国内外から高く評価され、「雲の伯爵」と呼ばれるようになります。しかし、阿部正直本人は、「雲の伯爵」と言われるのをきらい、「雲の研究家」と呼ばれることを望んでいたようです。戦後の昭和21年（1946）、中央気象台に研究部長として招かれ、昭和22年（１９４７）４月30日に気象研究所ができると、初代の所長になっています。同年5月3日に日本国憲法施行に伴って華族制度が廃止となっていますので、３日間の伯爵所長でした。

阿部正直は、昭和41年（１９６６）元日、自宅に開設した阿部幼稚園〔昭和47年（１９７２）閉園〕の園長として亡くなりますが、その業績は、３カ月後に再びクローズアップされます。３月５日、英国海外航空機ＢＯＡＣが富士山上空で乱気流に巻き込まれて空中分解をし、１２４人が死亡する事故が発生したためです。原因解明のため、阿部正直の膨大な資料が使われました。富士山にかかる雲の研究とその時の観測資料は、今も重要な資料として生きています。

32　静岡空港が開港

航空機の安全な運航には気象情報が欠かせません。乱気流や雷、着氷や火山灰などは航空機の飛行に直接影響を与えます。また、空港に霧や雪、低い雲があって滑走路がよく見えないと、航空機は安全に離着陸できません。これらのことから、気象庁では全国の80余の空港に気象台などを設置（航空地方気象台は成田、東京、中部、関西に設置）して観測・予報を行い、空港周辺や航空路、飛行空域の気象情報を航空関係者に提供して、航空機の「安全」で「快適」な「定時」運航を支援しています。昭和6年9月に日本航空輸送株式会社が東京～大阪～福岡の定期便開始に合わせ、羽田に中央気象台羽田分室（現在の東京航空地方気象台の前身）などを設置していますので、空港での業務は民間旅客輸送が始まったのと同時に始まっています（25節、28節参照）。

東京航空地方気象台の下には新潟、富山、能登、八丈島の各空港出張所と松本、大島の各空港分室、そして、平成20年10月1日から静岡空港出張所が配置されています。静岡空港出張所は、静岡空港に飛行機が安全に離着陸できるよう、風向・風速、視程、天気・雲の高さの観測・通報を行っています。定時観測に加え、一定の気象条件を越えた場合には、その都度、特別観測を行っています。また、東京航空地方気象台が静岡空港周辺9km以内を対象とした飛行場周辺の気象情報や静岡空港における飛行場警報などを発表しますので、これに基づいてきめ細かな航空気象解説を行います。

静岡空港には、航空業務のために様々な気象観測装置が設置されていますが、飛行機の離発着に重要な風の観測を行う風向風速計は2カ所、滑走路の両端近くの飛行機が離着陸する場所（タッチダウンゾーン）の脇に設置されています。当初、静岡空港の開港は平成21年3

月に予定されていましたが、航空法上の高さ制限を超える私有地の立ち木が滑走路の西側にあることがわかり、２５００ｍの滑走路を２２００ｍの滑走路として使用（短縮した状態で使用）で3カ月遅れの平成21年6月4日の開港となりました。このため、東側のタッチダウンゾーンが少し移動したことにより、東側にある風速計も、開港までに場所が少し移動しました。立木問題が解決し、開港から約3カ月後の8月27日から当初計画通りの２５００ｍの滑走路使用になりましたので、この日から風速計は当初計画の位置に戻っています（図3―3・写真3―9）。

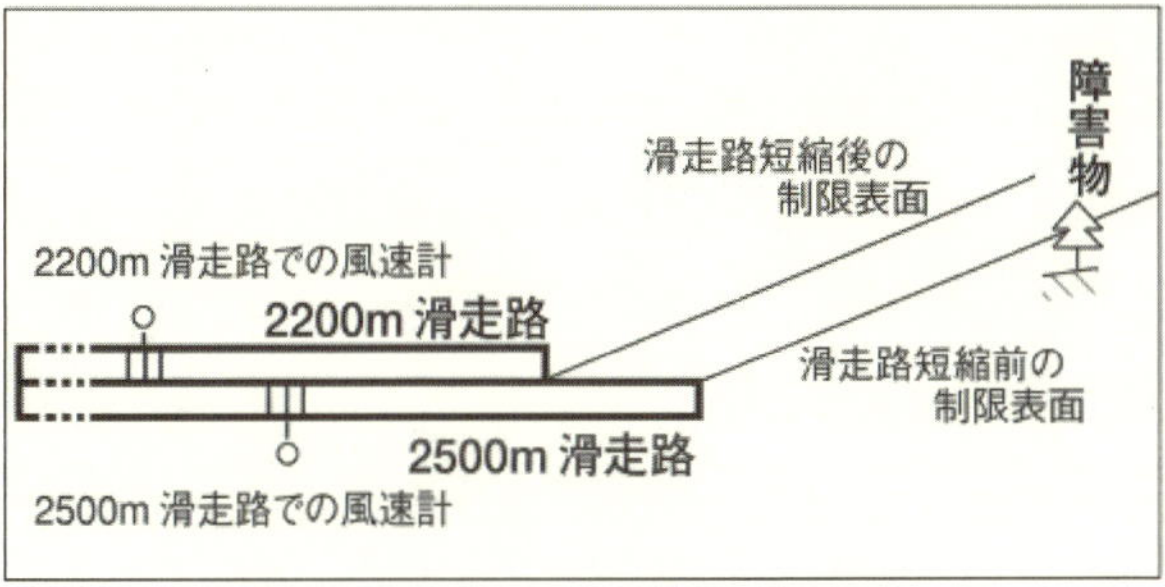

図 3-3　風速計の位置（静岡空港）

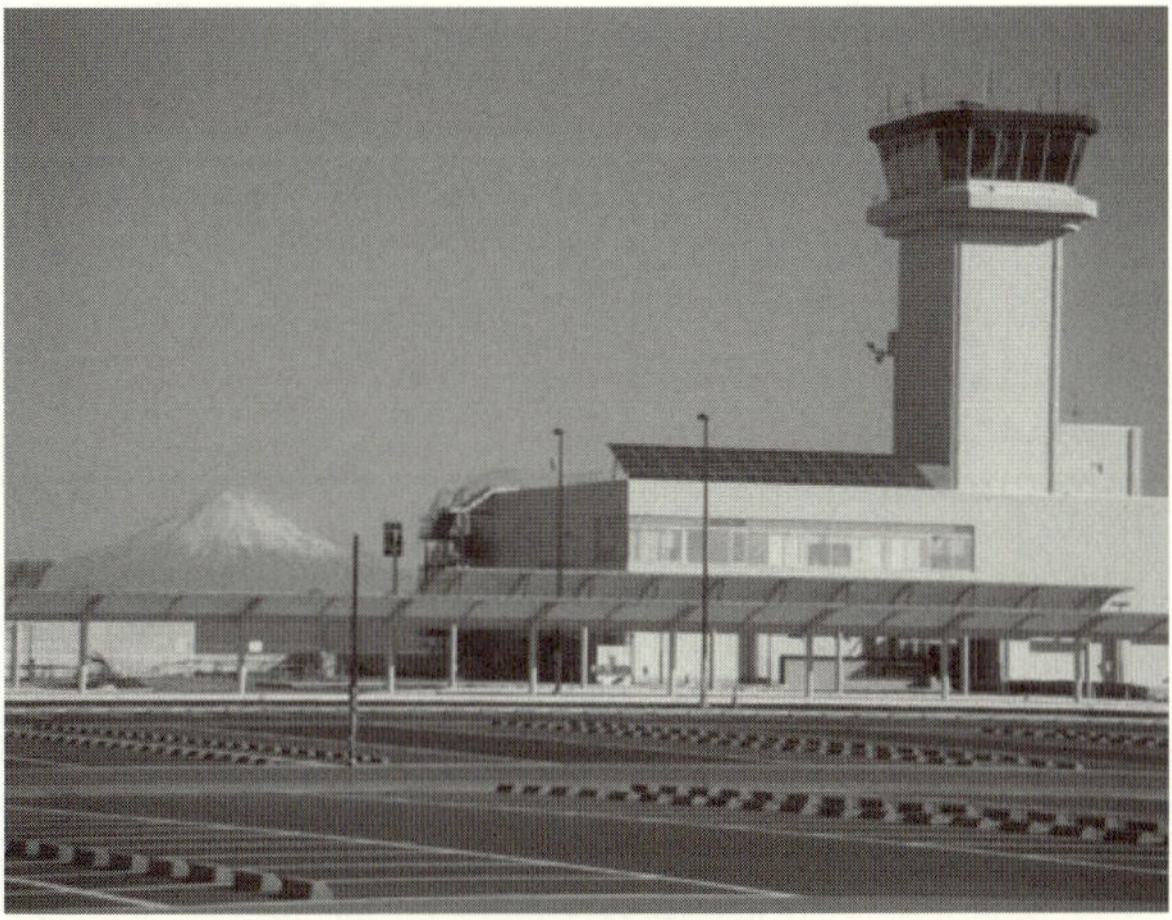

3-9　静岡空港

静岡県の気候（地球温暖化）

33　登呂遺跡と洪水

太平洋戦争中の昭和18年（1943）1月に静岡市登呂のプロペラ工場建設現場から、多くの木製品や土器が発見されます。工事の鹿島組が中田国民学校に集めた遺物を見た考古学者の安本博は、弥生農耕集落遺跡であると毎日新聞静岡支局の森豊記者に知らせます。それが昭和18年7月11日の毎日新聞の登呂遺跡発見の記事で、以後、多くの学者が次々に来静し、静岡県主催の学術的発掘調査が行われます。しかし、昭和20年（1945）6月20日の静岡大空襲では遺物の一部や発掘調査の記録などを失ってしまいます。戦争が終わり、戦後日本の再構築の第一歩は日本人の起源を科学的に実証することであるとの気運が高まります。昭和22年（1947）7月には本格的な発掘調査が始まり、25年（1950）までの調査で、一世紀頃の8万平方メートルを超える水田跡竪穴式住居、高床式倉庫の遺構などが見つかり、27年（1952）に国指定特別史跡に指定されています。

安倍川の静岡平野への出口は、現在の浅間神社から駿府城にかけてですが、南への流れのほかに、東への流れは古麻機湾を埋め立て、残った低い部分が巴川となっています。渦を巻く形から名付けられた巴川は、標高１３０ｍの竜爪山を源流としていますが、清水港までの全長約15㎞の大部分は勾配が２０００分の1と小さく、九十九曲がりといわれるほど蛇行した川でした（17節参照）。登呂遺跡の場所は、安倍川下流の堆積地です。暴れ川の安倍川は、洪水のたびに多量の土砂を運び、流路を変えてきました。安倍川沿いにあった登呂の稲作集落は記録的な大洪水で土砂に埋まって微高地になり、現在へのタイムカプセルとなります。

大阪の豊臣家が滅び、全国が徳川家康に従うようになると、家康は島津家など外様大名に命じて安倍川の改修を行わせ、財力を使わせます。安倍川は、駿府城のすぐ西側をまっすぐ南下して海に流れ込むように丈夫な堤防を築き、城下で使う水を安倍川から取水し、排水を巴川に流します。また、巴川は、清水港から駿府城に物資を運ぶ運河として使うように整備しました。これら工事の結果、洪水が頻繁に発生していた城の南側に広がる土地を、水害の少ない利用価値の高い土地に変えています。徳川家康のつくらせた堤防により、安倍川は登呂の西を流れるようになり、登呂は引き続き水害を受けない場所でした。とはいえ、登呂遺跡の発掘作業は排水しながら行う必要があるように、この場所は地下水位が安定して高い場所でした。このことは木製遺物の保存では重要で、乾燥していると長期間は残らないからです。奈良時代の木製品が平安時代の木製品より多く残っているのは、奈良は地下水位が高く、湿っているためというのと同じ理由からです。

34　清水港の発展と神奈川丸

気候変動が人類にとって重大な問題になり、長期間の観測資料、特に海の観測資料が求められるようになり、注目されたのが「神戸コレクション（The Kobe Collection）」です。ファッションの世界での神戸コレクションとは全く違います。神戸海洋気象台が収集した明治23年（1890）から昭和35年（1960）までの日本の商船等で観測報告された海上気象観測表約680万通と軍艦等からの海上気象観測表のことです。船舶での気象観測は、航海が終われば必要がなくなることから、使い捨てのものですし、長い間に災害や戦争などで失われています。神戸コレクションのように、まとまって保管されている資料は世界に類をみません。ただ利用が進んだのは、長年かけて行ってきた紙媒体から電子媒体への変換作業（デジタル化作業）が完成した平成15年（2003）以降です。

清水港が大きく発展したきっかけは、海野孝三郎（8節参照）が中心となって米のシアトル向けに日本茶を直接輸出したことで、その第1船が、明治39年（1906）5月13日の朝9時に入港した日本郵船の神奈川丸です。この時の神奈川丸についての海上気象報告も、神

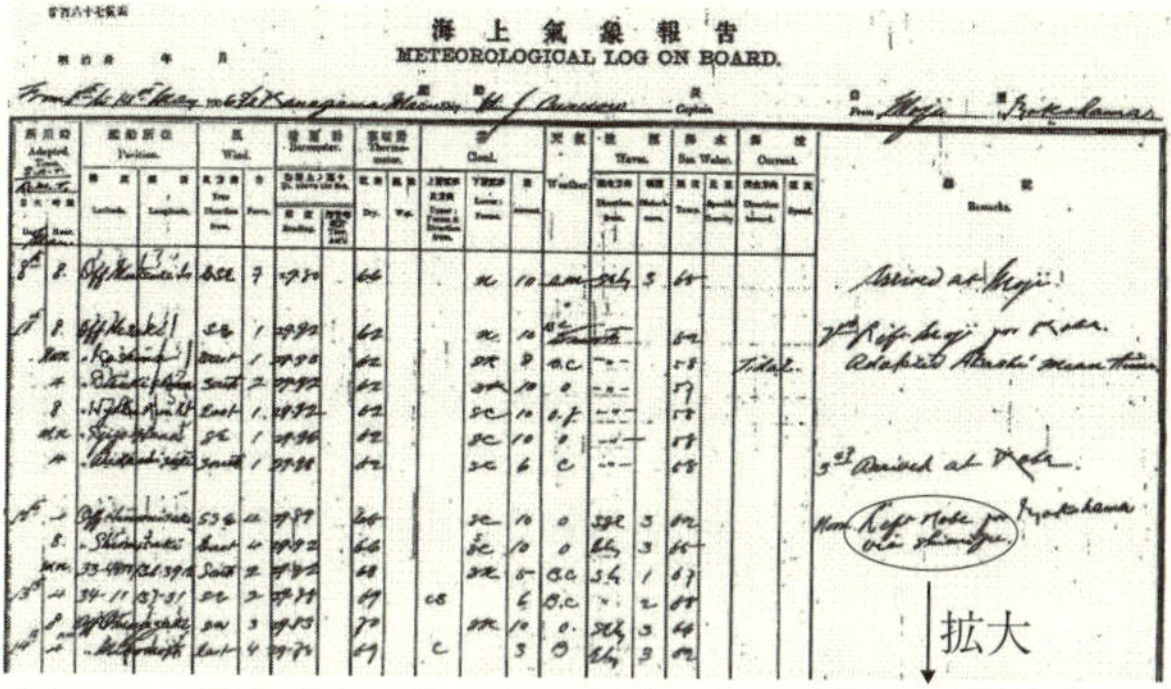

図 4-1　神奈川丸の海上気象報告

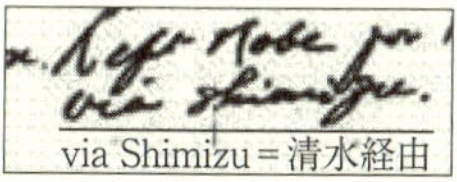

戸コレクションに含まれています。カルノー船長のサインがある海上気象報告から、神奈川丸が5月1日に香港を出航し、上海、門司、神戸を経て、13日8時に御前崎沖を通過して清水港に入港したこと、清水港を出航して14日16時には伊豆半島南端に達したことがわかります。また、航海中に観測した風や気圧、気温、天気などの多くの観測値が得られます。

図4—1は神奈川丸の清水初入港時の海上気象報告の一部ですが、一番上の欄外に、海上気象観測の期間「1906年5月8日から14日」、船の名前「神奈川丸」、船長名「J・カルノー」、期間中の航海「門司港から横浜港」が英文で書かれています。本文は横に一行で一つの観測です。日付、時刻、艦船所在（船舶の位置）に続いて、風、晴雨計（気圧）、寒暖計（温度）、

雲、天気、波浪、降水、海流の観測が記入されています。船舶の位置については緯度経度で表しますが、陸上近くを航行するときには、近くにある岬名（灯台名）が記されます。これによると、神奈川丸は、5月1日に香港を出航して4日に上海着、6日に上海を出航して8日に門司着、10日に門司を出航して11日に神戸に入港しています。そして、12日12時に神戸港を出航し、16時に和歌山県の日ノ御埼沖（Off Hinomisaki）、20時に潮岬沖（Off Shiomisaki）を通過し、13日8時に静岡県御前崎沖（Off Omayezaki）を通過して折戸湾に入っています。清水港入港中の記録はありませんが、出航5時間後の14日16時には伊豆半島南端にある神子元島沖（Off Mikomoto）に達したときの観測記録が一番下の行です。東の風、風力4、気圧29・78インチ（換算1008hPa）、気温69華氏度（20・6℃）、天気晴れ（雲量3）などと観測結果が記されています。

神奈川丸歓迎式典で、カルノー船長の挨拶は、次のように檄（げき）を飛ばしています。

「神奈川丸は今製茶を積み取らんが為めに来れり。而して航路はアメリカに向はんとてなり。然れども諸卿よ、諸卿は須らく之れに甘んずるべからず。ユクユクは製茶のみならず其他幾多の国産の販路を海外に拡かせざるべからず。その航路も独りアメリカのみならず、ヨーロッパ諸国への寄港船も亦当港に回航すべく繁盛に向はしめよ」

神奈川丸だけでなく、翌月に出航した第2船の旅順丸など、清水港を繁栄させてきた多くの船の観測記録が神戸コレクションとして残されています。そして、地球温暖化など、私たちの将来を予測するカギを握る貴重な財産として、よみがえっています。

35　地球温暖化と啓風丸

アホウドリで有名な鳥島は、東京から南約600㎞の火山島です。明治35年（1902）の大噴火では、アホウドリ捕獲のために移住した島民125人全員が死亡する惨事があり、一般住民は住まなくなっています。しかし、南から北上する台風監視には重要な位置にあるため、鳥島気象観測所が設置され、職員が駐在していました。しかし、昭和40年（1965）11月には群発地震が続き、いつ噴火してもおかしくない状態になったため、観測所は閉鎖、以後は無人島になっています。とはいえ、静止気象衛星の打ち上げ前のことであり、台風監視のため鳥島気象観測所の代わりが必要ということで、昭和44年に気象庁本庁に属する「啓風丸（1795トン）」が建造されています。高層気象観測ゾンデ用と気象レーダー用の二つのドームがあるという特徴を持った船で、主に南方海域で台風や低気圧、梅雨前線の監視を行い、「海の測候所」と呼ばれました（写真4—1）。

4-1　啓風丸一世

平成8年（1996）9月に「啓風丸二世（1882トン）」が就航しています。そして、台風等に対する観測から地球温暖化に対する観測へウエイトをシフトさせています。このため、気象レーダー用のドームがなくなり、一つのドームの最新観測施設を備えた船となっています。

気象庁の観測船は、東経137度に沿って日本近海から赤道までの線など、海の上に引いたいくつかの線に沿って繰り返し観測を行っています。このような定線観測は、長年継続しないと成果が出ないために、各国とも予算獲得に苦労し、日本以外ではほとんど行われてきませんでした。しかし、地球温暖化が大きな問題となると、定線観測の重要性が再認識されています。日本近海は、潮位変化や海流変化が大きく、黒潮の変動があるという、世界的に見て気候変動の影響を見積もりにくい海域ですが、そこで長年にわたる正確な観測は、地球温暖化の研究にとって重要な情報を提供しています。

36 全国で一番早く桜が咲くのは

日本各地の桜（主にソメイヨシノで、北海道の一部はエゾヤマザクラとチシマザクラ）の開花予想の等期日線を桜前線といいます。桜前線は、例年3月下旬に九州南部・四国南部へ上陸し、順次、九州北部・四国北部、瀬戸内海沿岸・関東地方、北陸地方、東北地方と北上し、5月中旬に北海道東部に達します。気象庁では、開花を花が5～6輪開いた状況、満開を80％以上が咲いた状態としています。九州から東海・関東地方では開花から満開まで約7日です。

気象庁による「さくらの開花予想」の発表は、昭和26年（1951）に関東地方を、昭和30年からは全国（沖縄・奄美地方を除く）を対象に始めたもので、平成21年（2009）まで半世紀以上続きました。近年、民間気象会社の中には、注目度の高いさくら開花予報などの情報提供を充実させ、自らの情報提供能力の高さをアピールするなど、早春は民間主導で桜の開花待ち状態になります。特に、関東から西の太平洋側の地方では、どこが一番早く咲くかということが話題になります。平成20年（２００８）は、沖縄を除いて最初に咲いたのが3月22日の東京、静岡、名古屋、熊本でした。平成21年（２００９）は3月13日に福岡が一番報道となりましたが、静岡も3月19日に開花となり、本州では一番でした。最近は東京がよく一番争いに登場するようになっており、平成21年も静岡開花の翌日でした。東京の桜は靖国神社の桜が規準ですが、都市化の影響で早まる傾向があり、桜は東京から開花という時代になるかもしれません。

とはいえ、これは1月中旬から咲く沖縄と奄美大島のヒカンザクラを除いてであり、しかも、気象庁の有人官署で観測がある場所についてのものです。静岡の桜は、静岡地方気象台構内のソメイヨシノの木が規準ですが、同じ静岡でも、これより少し早く咲くソメイヨシノの木があります。また、桜の種類によってはもっと早く咲く桜もあります。河津町のカワヅザクラは1月下旬から2月にかけて開花する早咲きが有名で、ソメイヨシノよりも桃色が濃く、花期が1カ月と長いため、多くの観光客を集めています。

静岡県の地震

37　フォッサマグナの西縁は糸静線

明治政府は、明治8年（1875）にドイツの地質学者ハインリヒ・エドムント・ナウマンを東京大学地質学教授として招きます。若干20才のナウマンは、以後の10年間に多くの地質家を養成するとともに、北海道を除く日本各地を歩いて地質図を作り、日本の殖産興業に貢献しています。長野県の野尻湖の湖底から発見された象の化石は、ナウマンにちなみ、ナウマン象と命名されています。

ナウマンの発見で最大のものは、フォッサマグナです。ラテン語で大きな窪みの意味のフォッサマグナは、東北日本と西南日本の境目とされる地帯で、その西縁は新潟県の糸魚川と静岡を結ぶ「糸静線」です。ナウマンは、東縁を新潟県の直江津と神奈川県平塚と考え、ここにある妙高山、八ヶ岳、富士山、天城山という火山列は、フォッサマグナの部分が落ち込んだ断層を通ってマグマが上昇したと考えました。また、関東から九州へ至る日本最大の断層系を中央構造線と命名し、南側を南西日本外帯、北側を内帯としています。中央構造線は、糸静線と長野県諏訪湖付近で交わり、伊那谷から静岡県をかすめ、渥美半島を通って西に伸びています。

日本列島の地質調査が進むと、糸静線はナウマンの考え通りでしたが、フォッサマグナ東縁は新潟県直江津から神奈川県平塚に至る線ではありませんでした。新潟県柏崎から千葉市に至る線ということがわかり、関東山地はフォッサマグナの落ち残りという考えが一般的になってきました。しかし、日本列島を徒歩で1万km も踏破したナウマンの基本的な考えは今も踏襲されています。

38 伊豆石と江戸城とお台場

日本付近は、北アメリカ、太平洋、フィリピン海、ユーラシアの4つのプレートの境界付近にあるため、地震や火山が多い国です。伊豆半島は、フィリピン海プレートの移動によってできたため、本州の他の地域にはない南方生物の化石が出ます。2000万年前に本州から南に1500km離れた海底火山が、プレートの動きによって北上を続け、1000万年前には海底が浅くなり、噴火が盛んとなって、一部は海面上に顔を出して火山島になり、300万年ほど前に本州に衝突してできたのが伊豆半島で、現在でも伊豆半島は、少しずつ北上しています。この衝突によって、百万年前に丹沢山塊ができましたが、その後、丹沢山塊の西で火山活動が活発となり、富士山ができています。

このような経緯で、伊豆半島には火山噴火で新しくできた安山岩などによる硬石と、海底であった時代にできた古い凝灰岩などによる軟石があります。相模国の真鶴の石も含めて伊豆産の石を伊豆石と呼びますが、硬石は耐久・耐火性に優れ、軟石は切り出しが容易で安価で、ともに船で江戸への運搬が容易なために、建築石材から土木用石材まで、「石は伊豆」というほど伊豆石が使われました。徳川家康は天下普請として大名に石垣造りを命じ、江戸城石垣のほとんどが伊豆石で造られました。また、幕末に伊豆代官の江川太郎左衛門英龍が献策した砲台が東京湾の品川沖で造られた（お台場の建設）時にも、明治初期の文明開化で多くの石造り建築物が造られたときにも、多量の伊豆石が使われました。このため、皇居やお台場など、東京の街のあちこちには、フィリピン海プレートがもたらした伊豆石が沢山残されています。

39　小泉八雲と焼津

明治29年（１８９６）６月15日に岩手県沖で死者が２万人を超えるという明治三陸地震津波が発生します。６月21日の大阪毎日新聞は、三陸地震津波の解説と過去の津波について特集し、嘉永7年（1854）11月5日の安政南海地震のとき、和歌山の豪農の浜口儀兵衛が機転をきかし、稲むらに火をつけたので全村これを目的に駆け出して生命が助かったという話を紹介します。これを読んで感激したのが、神戸クロニクル社の小泉八雲（旧姓名パトリック・ラフカディオ・ハーン）です。最初の妻が黒人という理由で職を失い（当時のアメリカでは禁止）、島根県松江尋常中学校・師範学校の英語教師として松江に赴任し、そこで小泉セツと結婚したものの、世間の好奇の目から妻を守るために熊本の第五高等学校教師を経て、日本国籍をとる手続きが唯一行われていた神戸で新聞記者をしていたのです。やっと日本に帰化できた4カ月後の「自分の財産より村人の命を守るという記事」は、自分を捨てても守る人がいる小泉八雲にとって強い衝撃で、「A Living God（生き神様）」を書いています。これを、師範学校の英語教材として学んだ和歌山県の小学校教員・中井常蔵が書いたのが「稲むらの火」で、昭和12年（1937）から全国の小学5年生の国語授業で使われました。事実とは多少違いますが、戦後に新しい教科書ができるまでの約10年間、児童に深い感銘を与え、優れた防災教育が行われました。

小泉八雲は、三陸地震津波の3カ月後、東京帝国大学の文学部講師になって東京在住となります。家族を大事にし、ともに夏休みを過ごすために交通の便のよい海岸を探していた小泉八雲は、翌30年（１９５５）８月４日に焼津を訪れます。そして、焼津の深くて荒い海と、魚商人・山口乙吉など焼津に住む人々が大いに気に入った小泉八雲は、明治37年（１９０４）に亡くなるまで、毎年のように夏は家族と焼津で過ごしています。

焼津市には、平成19年（２００７）６月に市文化センター内にできた焼津小泉八雲記念館のほか、小泉八雲ゆかりの場所がいくつもあり、小泉八雲が愛した焼津を散策することができます。

コラム　**日本武尊が焼いたので焼津**

静岡県には日本武尊（やまとたけるのみこと）にまつわる地名が多くあります。日本武尊は、景行天皇の皇太子で、自身は天皇にならなかったものの、子どもは仲哀天皇（妻が神功皇后、子どもが応神天皇）です。西征で九州の熊襲を征服したあと、休むことなく東方の蝦夷の征服をしています。古事記では愛知県の熱田神宮から静岡県の沿岸を東に進み、三浦半島から房総半島に渡り、東京湾を一周、足柄峠、山中湖、諏訪湖、伊那谷、多治見を通って熱田神宮に戻っています。日本書紀では、東京湾沿岸ではなく房総半島から宮城県まで船で北上するなど、コースが違いますが、静岡県内は同じです。東西交通の要衝であった湿地帯の芦原で敵の待ち伏せの火攻めにあい、伊勢神宮から授かった天叢雲剣（あまのむらくものつるぎ：スサノオノミコトが出雲で退治したヤマタノオロチの尻尾にあった剣）で草を払って難を逃れ、逆に、迎え火で敵の港町（津）を焼き尽くしています。このため、湿地帯を草薙、近くの景勝地の丘陵（有土山）を日本平（にほんだいら）、焼く尽くした港が焼津です。また、剣は草薙剣と呼ばれ、三種の神器の一つとして熱田神宮の御神体となっています。

どこまで実在の話かはわかりませんし、日本武尊と仲哀天皇の非業の最期を考えると権力争いがあったかもしれませんが、4～6世紀に鉄の武器という強大な軍事力を背景に勢力拡大をした大和朝廷と関係があるとされています。大和朝廷に従った名古屋の有力者が静岡・山梨県と長野県南部を勢力下においた話を脚色したのかもしれません。関東へ米作が広まったのは静岡県を経由して西からではなく、日本海側を北上し、東北地方をへて北からという説があるくらいですから、関東地方を押さえている勢力は強大で、大和朝廷が静岡県から東へはなかなか進めなかったことの反映かもしれません。

草薙と焼津間は約20㎞で、その間に安倍川があります。古代人は安倍川のような大河を征することができず、制御しやすい中河川の瀬戸川と、水深が深い港を持つ焼津が中心であったと思われます。強大な政権ができ、安倍川を制御することができるようになってくると、その大きな恵みにより、安倍川下流が急速に発達し、今の静岡市の中心部が形成されます。

40　阿倍川上流の金山と大谷崩れ

安倍川上流にある梅ケ島の日影沢金山は、今川氏の金山として有名で、享禄年間（1530年頃）には大量の砂金を産出し、たびたび朝廷に献上しています。その後、武田信玄が占領しますが、天正3年（1575）に織田・徳川連合軍が武田軍を長篠の戦いで勝利し、徳川のものとなります。そして、この年に発見された金鉱脈によって、それまでの砂金採取から坑道堀に変わり、慶長年間（1600年年頃）には多くの金を産出して、駿府の金座で慶長駿河墨書小判が作られました。このため、ここへの人や物の管理が厳重に行われ、門屋にある御関所跡はそのなごりです。日影沢金山の金堀人足は金堀衆と呼ばれて身分は高く、特殊技術も持って戦場にも参加し、また、この土地で亡くなると生国に向けて墓が建てられました。安倍川餅は、つきたて餅にきな粉をまぶしたものに、白砂糖をかけたものです。徳川家康が、安倍川の近くの茶店で、店主からきな粉を砂金に見立た「安倍川の金な粉餅」を献上に喜び、安倍川餅と名付けたという伝承があります。白砂糖が貴重で珍しかった江戸時代は、東海道の名物となって珍重されています。

徳川家康が駿府に在城の時代、最も栄えた金山といわれた日影沢金山梅は、鉱脈がつきはじめたことに加え、宝永4年10月4日（1707年10月28日）に発生したマグニチュード8・6の宝永地震の影響が直撃します。遠州沖を震源とする東海地震と紀伊半島沖を震源とする南海地震が同時に発生したと考えられている宝永地震は、東海道から四国にかけて、死者2万人以上、倒壊家屋6万戸、津波による流失家屋2万戸と大きな被害が発生しました。そして、宝永地震の余震が続く中、11月23日から富士山の噴火が始まっています。宝永大噴火と呼ばれる噴火で大量の火山灰を関東地方の広範囲に降らせています。

阿倍川上流は、古くから崩れていましたが、大谷崩（おおやくずれ）と呼ばれる面積1・8平方km、高度差800mという大きな山崩れとなったのは、古文書の記載から宝永地震からといわれています。この地震により大量の土砂が5km下流の赤水の滝まで一気に流下し、三河内川をせき止めて大きな池をつくり、その後決壊しています。そして、その後、大雨のたびに土石流が発生して村落が埋まるようになり、天保2年（1831）には閉山となっています。安倍川流域には日影沢だけでなく、関の沢、湯ノ森等に金山がありましたが、これらの金山も同じ運命をたどります。

こうして阿倍川上流から金山は消えましたが、昭和天皇がお召し列車で静岡を通過するときには安倍川餅をたびたびお買い上げになられるなど、現代でも安倍川餅は東海道の名物の地位を保っています。

（注）大谷崩れは、長野県の稗田山崩、富山県の立山鳶山崩とともに、日本３大崩れと呼ばれています。

41　丹那トンネルと地震断層

昭和５年（１９３０）11月26日午前４時３分に伊豆半島の丹那盆地付近で発生した北伊豆地震では、人口７４００人の韮山町（現　伊豆の国市）で死者76人、家屋の全壊４６３戸（全壊率40％）など、死者・行方不明者２７２人など大きな被害が出ました。このとき、江間村（現・伊豆の国市）の江間尋常小学校で国の天然記念物が誕生しています。それは、展示されていた海軍払い下げの直径45㎝の魚雷（船舶攻撃用の兵器）で、重みと慣性で地震でも静止した魚雷本体に、地面とともに動いた台石が傷つけ、地震計と同じ原理で地震の跡を残したからで、昭和９年に「地震動の擦痕」として国の天然記念物になりました（写真５―１）。また、昭和10年には、丹那断層のうち地震で動いた跡が残る場所も国の天然記念物に

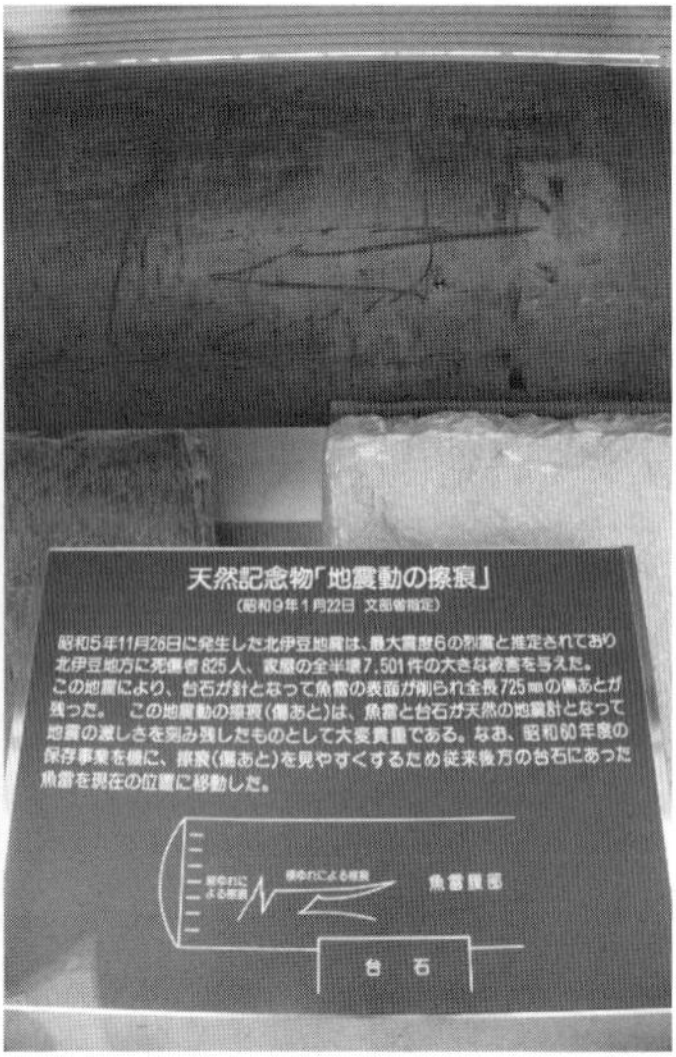

5-1 天然記念物「地震動の擦痕」(右)と記念碑(左)

指定されています。修善寺の東側の山間部から北側へ延びる断層の中で最も大きい丹那断層は、約35㎞にわたり、上下に2・4m、北へ2・7m移動しました。

北伊豆地震は、地震と断層の関係が初めて明らかになった地震です。当時、東海道本線(現 御殿場線)の新線(現 東海道本線)用に丹那トンネル(全長7・8㎞)が建設中でした。丹那断層付近では大量の出水に工事は困難を極め、本坑とは別に排水用の坑道を掘るなど、その後のトンネル工事の基礎技術になる様々な工法が試みられていました。丹那断層を横切っていた多くの坑道は、地震を起こした断層の移動で食い違いや崩壊を起こして死者3人などの被害を出しています。しかし、結果的に、坑道の被害は断層の移動をはっきりと記録していたことになり、以後の調査・研究が進んでいます。ちなみに、丹那トンネルが中央部でごくわずかですが、S字にカーブしているのは北伊豆地震によってです。

42 関東大震災と清水港

大正12年（1923）9月1日に発生した関東大震災では、死者行方不明10万6000人、焼失・崩壊家屋が70万戸という大きな被害で、地震被害がほとんどなかった清水港にも大きな影響を与えました。地震発生後、京浜地区の人々は、東海道線が不通となったために8万5000人という被災民が海軍の艦艇などで清水港に上陸し、静岡電気鉄道（現　静岡鉄道）の無料電車で東海道線の江尻駅（現　清水駅）と静岡駅に輸送されています。静岡県は震災救済清水出張所を清水の鈴与店内に開設し、県下各地に避難者休憩所を設けて救護にあたったほか、食料などの救援物資が東京へ海上輸送されました。

震災からの復興には大量の木材が必要とされ、政府は輸入材を緊急輸入することとし、アメリカとカナダから木材を大量輸入する契約が結ばれました。特にカナダは、高い供給能力が改めて認識され、清水港のある折戸湾はカナダ材などで埋まりました。急増する貿易に対応するため、港湾整備が急務となり、合併によって市政を施行し、財政規模の拡大が図られます。清水町、入江町、不二見村、三保村が合併し、人口4万3000人の清水市が誕生したのは、関東大震災の翌年2月です。そして、昭和2年（1927）には、面積41万平方mという巨大な県営水面貯木場が完成し、名古屋に次ぐ、全国2位の材木港に発展しています。

43 静岡直下で起きた静岡地震

昭和10年（1935）7月11日午後5時26分に静岡市付近でマグニチュード6・3の地震が発生しています。震源地は静岡市草薙付近で、東西15km、上下6kmの断層が1mずれた地震です。大きく揺れた範囲は狭いのですが、震源地の真上にあたる静岡市と清水市（現在は静岡市清水区）では震度6を記録し、死者9人、負傷者299人、住家の全壊363戸、半壊1830戸などという大きな被害が発生しました。特に、両市街地の間の巴川沿いと、有度山の西端と南西端では被害が著しく、高松地区では家屋の全壊率が32％に達しました（写真5—2）。中央気象台発行の検震時報では、静岡地震の被害写真の中に「根岸氏による飛行機上よりの観測」とコメントがついているものが数多くあります。中央気象台が、国際極年観測や流氷観測など飛行機による観測を三保空港の根岸錦蔵に依頼していたため（24〜26

節参照)、静岡地震発生時にも飛行機による観測を依頼し、日本初と思われる飛行機による現地調査が行われました。また、清水港の岸壁と倉庫が大破し、被害額でいうと、静岡地震で一番大きな被害を受けたのは清水港となっています(写真5—3)。

静岡市紺屋町では倒れてきた石垣の下敷きになって2人の子どもがなくなっていますが、そのときの香典が地震研究所に寄付され、地震計が購入されています。それから40年後、荻原尊礼地震予知連会長は、遺族を捜した静岡放送(SBS)の川端信正氏とともに墓参りをし、「あの時の香典は貴重で、後世に役立ったことを報告でき、お礼も言えた」と述べています。

大正12年の関東大震災をきっかけにしたかのように、大きな地震被害が相次いでいます。昭和2年の北丹後地震で約3000人、5年(1930)の北伊豆地震で約300人、8年(1933)の三陸沖地震で約3000人、静岡地震の3カ月前の10年(1935)4月21日の当時日本領だった台湾で約3300人という死者が出ています。いきおい静岡地震への研究者の関心は高く、発生後間もなくから、気象台や東京大学の専門家らが現地入りしています。ただ、当時の地震観測網や防災の情報網は即時性に優れていたとはいえず、気象官署でも当初の震源地の情報は、浜松測候所『安倍川中流』、沼津測候所『駿河湾内』、中央気象

5-2　静岡地震の大谷から高松にかけての被害

5-3　清水港岸壁の被害

台三島支台『安倍川の河口』と混乱していました。

44 袋井市の命山と沼津市の津波避難タワー

遠州灘沿岸の地方では、地盤が低く洪水や高潮、津波の被害を防ぐために人工的に塚をつくり、イザというときにそこに避難するということが行われ、塚は命山とよばれていました。国道150線沿の浅羽（現 袋井市）には、「中新田命山」と「大野命山」という二つの大きな長方形の命山がありますが、これができたきっかけが、延宝8年（1680）8月の台風による大災害です。現在は砂浜が発達して1㎞以上海岸から離れていますが、当時は海岸の近くの村で、大潮と重なった高潮によって堤がきれ、天井まで水につかり、多くの人が亡くなっています。このため、生き残った人たちが、二度とこのような悲惨な体験を繰り返すまいと、村中に塚を作っています。この塚は、その後に村を襲った洪水から何度も人々を救っていますが、命山広場として現存するのが、この二つの命山です。

近年、沼津市立保に建設された「まもるタワー（平成18年（2006）11月竣工）」など静岡県から四国にかけて、大規模地震による津波から人命を救うための津波避難タワーがつくられているのも命山と同じ理由からです（写真5—4）。生活の場に安全な場所がない場合、一時的に避難する場所をつくって人命だけは何とか助かるという発想からです。

一時避難施設を作った場合の問題点は、普段どのように使っているかといわれています。常に使うものではないため、ほおっておくと、イザというときに使えないということが起きるからです。命山では、塚の頂上に災害の犠牲者をまつり、そこにお参りすることで、実質的な定期点検が行われていました。また、収容人数約80人で、海面からの高さが7・95mの「まもるタワー」は、地震発生時には想定が5・5mという津波から付近の住民を守りますが、普段は展望台としての利用が考えられています。

5-4　まもるタワー

45　東海地震用の傾斜計と歪計

東海地震の前兆現象を捕らえるため、静岡県には様々な観測機器が設置されています。気象庁だけで、平成21年（2009）3月現在で、計測震度計が18、地殻岩石歪計17、地震計7、検潮所・津波観測施設5、高精度傾斜計1、および、新旧のケーブル式海底地震計があり、オンラインで常時観測をしています。このほか、東大、名大、国土地理院、防災科学技術研究所、産業総合研究所、海上保安庁、静岡県が設置した様々な観測所があり、これらのデータも気象庁に送られ、常時監視が行われています。

御前崎の高精度傾斜計は、縦穴の中に入れた直径約7㎝、長さ約1mの機器で、一般的な水準器と同様の気泡式です。ただ水準器センサー内には電解質溶液があり、その中の気泡が動くと電極間の電位が変化することを利用し、1ナノラジアン（約1億分の5度）という、極めて高い精度で傾斜を求めています（図5―1）。

地殻岩石歪計は、縦穴を掘って直径10㎝、長さ5mのセンサーを埋め、周辺岩盤より受けた力による体積歪を、10億分の1の精度で観測するものです。歯磨きチューブを握ると先端から練り歯磨きが出てくるようなもので、周囲から強い圧力を受けるほど、先端部の歪みが大きくなるという原理です。ただ、10億分の1の精度というのは、100mプールに角砂糖大の水を落とし、水面がどのくらい上昇したかが分かる精度です。これだけの精度で測ろうとすると、気圧の変化や降水の影響なども入ってきますので、様々な手法でこれらのノイズを除去し、傾斜や歪を正確に監視しているのです（図5―2）。

東海地震が切迫し、複数の歪計に異常が現れた段階で「東海地震観測情報」が、さらに歪みが顕著になるなどで「東海地震注意情報」が、そして東海地震予知情報が発表されます。歪(ひず)みの変化はどんどん大きくなり、危険度が一番高いと「東海地震予知情報」が発表され、地震時には一気に大きな歪みとなります。

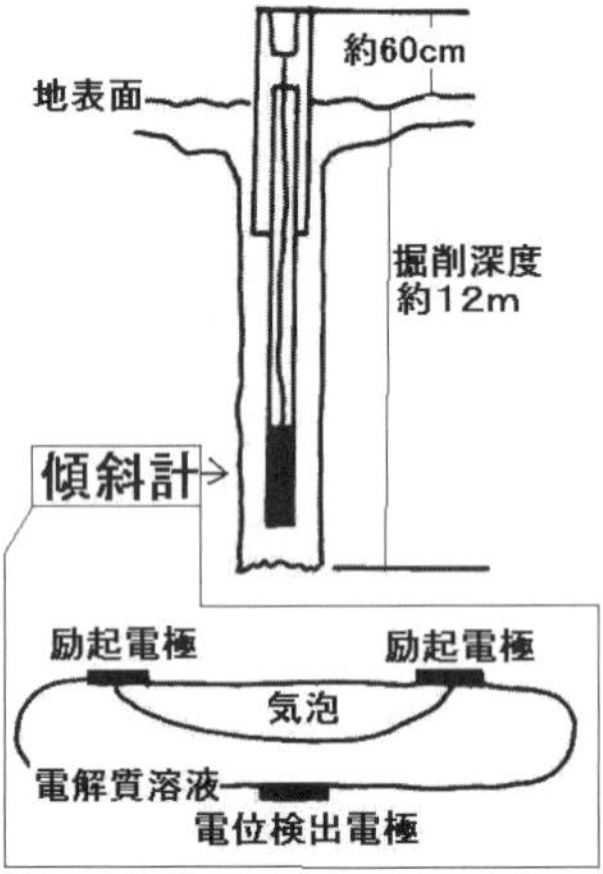

図 5-1　高精度傾斜計による観測
建築などで広く使われる水準器と同じ原理で、密封容器に液体と気泡を封じ込め、気泡の位置を電気的に精密に測定する

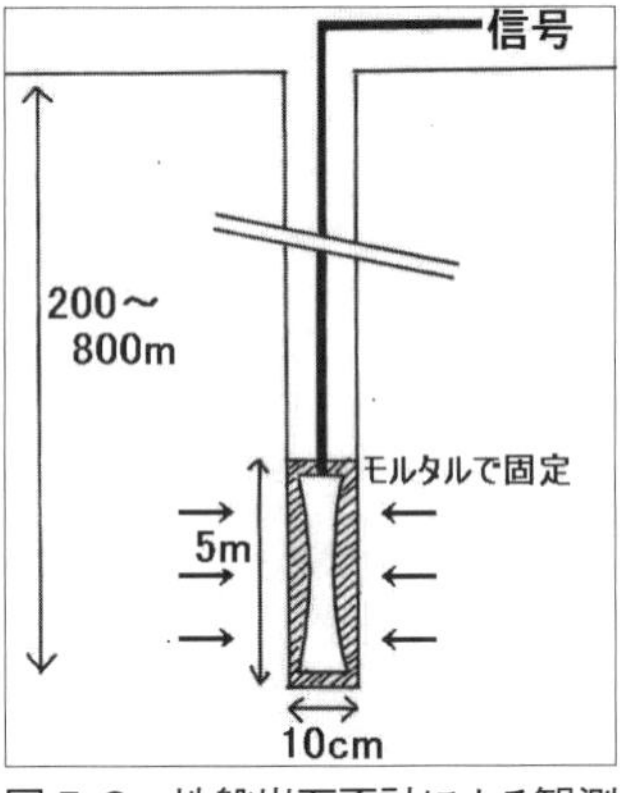

図 5-2　地盤岩石歪計による観測
練り歯磨きのチューブを握ると先端からペーストが出てくるのと同じ原理で、周囲から圧力を受けて上下動する容器上部の細管内の油面の高さを電気的に精密に測定する

46　唯一予知ができる東海地震

地震の予知が出来れば被害を軽減できることはいうまでもなく、地震が多い国土に住む日

本人にとって最も関心が高いことの一つです。地震予知というからには、場所、規模、時を前もってかなりの確度で分かるというものでなければなりません。最近の地震学の進歩で、場所と規模は分かるようになってきました。例えば「東海地震」「東南海地震」「南海地震」といった南海トラフと呼ばれる海溝で発生する地震は、西日本が乗っているユーラシアプレートの下にフィリピン海プレートが年間数cmの速度で沈み込むことでひずみのエネルギーがたまり、そのひずみが100～150年ごとに限界に達して発生しています。最も難しいのは、時です。また、科学的に予知をするためには、地震に前兆がなければ予知はできません。直下型の地震では、前兆現象はなさそうですが、海溝型の巨大地震では前兆現象を伴っている可能性があります。しかし、その発生域のほとんどが観測機器が置かれていない海域で、前兆現象があったとしても分かりません。ただ、東海地震だけは、発生域の半分が陸域で、数多くの精密な観測機器が置かれていますので、予知の可能性が高いと考えられています。

昭和19年12月7日に東南海地震が発生し、死者998人などの大きな被害が発生しました。このとき、東大の今村明恒教授は静岡県の掛川と御前崎間の水準測量を行っていましたが、測量のための水準器の水平合わせがしにくくなり（体に関知しない微少振動が発生）、地震前日から御前崎が隆起する動きが確認できました。また、室戸岬先端の水準点の上下変動では、少しずつ沈下していたものが東南海地震で一気に跳ね上がっていますが、今のような連続観測があれば、一気に跳ね上がる前の沈降速度の鈍化などの様子が詳細につかめていたと思われます(図5―3)。

プレートの沈み込みが陸地近くにあるということは、東海地震の予知が可能ということであり、その沈み込みによって陸地近くに深海ができます。深海には生物の遺骸が溜まり、リンが豊富にありますので、それが湧き上がってくる場所では、リンを養分にしてプランクトンが大量発生をし、それを求めて多くの魚が集まってきます。

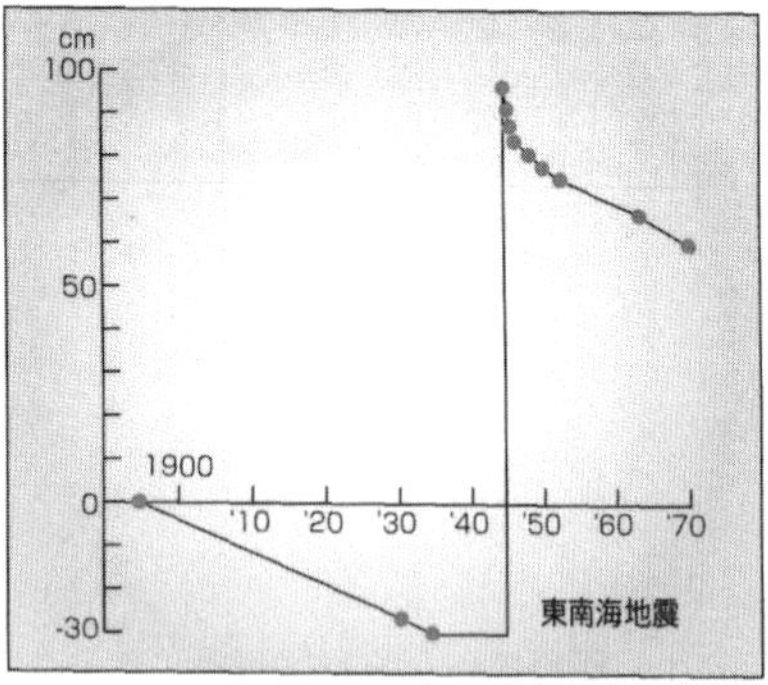

図5-3　室戸山甲先端水準点の上下変動

静岡県の沿岸漁業が盛んであることと、東海地震を予知できるということには、ともに近くに深海があるということでつながっているのです。

47　2系統ある御前崎のケーブル式海底地震計

ケーブル式海底地震計は、深さ約1000~2000mの海底に地震計や津波計を装置し、それを通信用の海底ケーブルでつないだものです。海の中は電波が通らないため、海域での地震観測は、かなりの経費がかかりますが、陸上からケーブルを海中に伸ばすという方法がとられます。データを長期間記録する地震計を海底に沈め、船舶からの音響信号（音は海中を通過する）で浮上する自己浮上式海底地震計では、研究でしか使われません。日本で最初に設置されたのは、昭和54年（１９７９）に気象庁が静岡県御前崎から東海沖に設置したもので、地震計４台から構成されています。手本のアメリカの海底地震計が半年で役目を終えたのに対し、気象庁の海底地震計は設計寿命をはるかに越え、30年後の今でも観測が続いています。東海沖の地震だけでなく、遠くの地震、例えば、平成20年５月12日の四川大地震など遠くの地震も観測しています。このため、貴重な観測装置として、使えなくなるまで使うことになっています。

平成20年（２００８）７月には、５年がかりで計画された新しいケーブル式海底地震計が、御前崎から東海沖を通って紀伊半島の南東海上まで、全長２２０㎞にわたって設置され（運用開始は同年10月）、東南海沖では初めて、東海沖には2系統の海底地震計となりました。新しい海底地震計には、緊急地震速報対応の地震計５台と津波計３台が設置されていますので、１００㎞先の海底で地震が発生した場合、緊急地震速報が今より10秒程度速く発表でき、

5-5　砂浜の減少で顔を出した昔のケーブル式海底地震計のアンカーブロック

津波は海岸に達する10分程度前に補足できると考えられています。

新旧のケーブル式海底地震計は、ともに御前崎から伸びていますが、30年前は、海岸を走る道路と同じ高さまで砂があり、浜辺は砂丘の先でした。しかし、今では海岸を走る道路は浜辺からすぐにある３ｍほどの壁の上を通っています。砂浜が３ｍほど低くなったためです。このため、波で砂が大きく移動すると、旧ケーブル式海底地震計のケーブルをつないでいるアンカーブロックの頭が顔を出すようになりましたが、急遽行われた復旧工事で再び砂の中となっています（写真5―5）。旧ケーブル式海底地震計の設置時には、考えもしなかったことが起きたのです。

静岡県の火山

48　富士山噴火とかぐや姫

　富士山の火山活動は有史以後でも様々な形をとっています。延暦19年（８００）からの山頂付近からの噴火では、多量の降灰を周辺にもたらし、古代の東海と関東を結ぶ足柄道は埋没したため、延暦21年（８０２）に箱根路が開かれています。また、貞観６年（８６４）から始まった北西山腹からの噴火では、流れ出た溶岩が青木ケ原をつくり、「せのうみ」を精進湖と西湖に二分しています。平安初期には富士山は燃える恋にたとえられる山として和歌などが詠まれています。しかし、富士山の活動がおだやかになるにつれ、偲ぶ恋に例えられる山になります。

　日本最古とされる竹取物語の最後は、かぐや姫が帝に不死の薬と天の羽衣を贈って月に向かいますが、帝は「かぐや姫のいないこの世で不老不死を得ても意味が無い」と、それを駿河国の日本で一番高い山で焼くように命じ、それからその山は「不死の山」と呼ばれ、山からは常に煙が上がるようになったとなっています。竹取物語の成立時期は不明ですが、私は、激しい山であった9世紀以降ではないと思っています。江戸時代の加納諸平が、かぐや姫に言い寄る5人の貴公子のうち4人が文武天皇5年（701）の公卿にそっくりと指摘しています。また、最も卑劣な人物として描かれる車持皇子が、当時の有力者である藤原不比等とはまったく似ていないのは、逆に、暗に藤原氏を批判しようとする作者の意図ではないかという意見もあります。竹取物語の成立が8世紀とすると、奈良時代の富士山は煙が絶えず上っている山という推測が成り立ちます。

日本各地には竹取物語由来の地があり、富士市など7市町（注）は「かぐや姫サミット」という交流を行っています。富士市には竹取物語にちなむ地名が多いといわれますが、伝承内容が他とは少し違っています。求婚したのが国司で、日本で一番高い山の仙女に打ち明けて去るかぐや姫を追いかけ、山頂で不死の玉手箱を開け共に長生きしたというもので、そのときの煙が立ち上るというものです。

富士山は、承平7年（937）、長保元年（999）、長元5年（1033）、永保3年（1083）、永享7年（1435）、永正8年（1511）に小規模噴火をします。そして、宝永4年（1707）12月16日朝に南東山腹で噴火し、その日のうちに江戸にも多量の降灰があり、宝永山が山腹にできています。その後は、噴火もなく、各機関が設置した観測機器によって様々な監視が行われている現在でも、特に目立った活動は起きていません。しかし、

1000年単位で考えると、富士山は色々と様相を変化させている山なのです。

（注）「かぐや姫サミット」は、静岡県富士市、奈良県広陵町、京都府向日市、香川県長尾町（現 さぬき市）、岡山県真備町（現 倉敷市）、広島県竹原市、鹿児島県宮之城町（現 さつま町）の7市町で構成。

49 伊豆半島東部から沖合の火山

火山は、富士山のように同一箇所で繰り返し噴火が起こって形成されて複成火山のほかに、1回だけの噴火で形成された単成火山に分けられます。日本の火山は圧倒的に複成火山が多いのですが、伊豆半島東部から沖合にかけては、標高580mの大室山をはじめ、100個ほど単成火山があります。しかし、これらの火山は、一連のマグマ活動と考えられるため、複成火山扱いとなり、伊豆東部火山群と呼ばれています。伊豆東部火山群は、15万年前から活発となり、大室山は5000年前の噴火でできました。約2700年前に伊東市最南部にある岩ノ山―伊雄山火山列で割れ目噴火が起き、その後は平穏でしたが、平成元年（1989）7月13日に伊東沖海底噴火が起きています。

6-1　巡視船拓洋が撮影した伊東沖海底噴火(海上保安庁提供)

有史以来初めてという伊豆東部火山群の噴火は、たくさんの観測機器で詳細な記録がとられ、気象庁で緊急の「火山噴火予知拡大幹事会」が開催されるなど、多くの研究者や防災担当者が見守る中での、伊東沖約3㎞での海底噴火です。手石海丘が形成され、水面下81mの海底に火口の直径200mという火山ができました。海岸線から噴火に伴う高さ13mの水柱が目撃されましたが、このとき、海上保安庁の測量船「拓洋」が、群発地震海域の海底地形の精密測量を実施しており、噴火の13分前にここを通過していました。危機一髪でしたが、直近の場所でのビデオ映像や写真画像、衝撃音などの貴重な記録が得られました（写真6―1）。

伊豆東部では、単成火山群をつくるマグマ活動によって豊富な温泉がわき観光地となっています。また単成火山群の地形をうまく利用して生活をしてきました。この恵みを受け続けるため、火山活動の状況を噴火時等の危険範囲や必要な防災対応を踏まえた5段階の区分である「噴火警戒レベル」導入にむけ、調整が進められています。

50 火山から古代人を守った「火の雨塚」

日本各地に、「火の雨塚」とか「火雨塚（ひさめづか）」とか呼ばれる古墳があります。古代人が火山噴火にあい、火の雨が降ってきたとき、石を積み上げてつくられている古墳の石室の中に逃げ込んで助かったとの伝承からの命名といわれています。火山からの噴火物を、事実上のシェルターに逃げ込んで助かったということでしょうが、和歌山県白浜町にある火雨塚古墳のように、近くに火山噴火の記録がない場所にもありますので、実際に火雨が降った場所だけでなく、これなら火雨でも守ってくれそうという思いの場所も含まれていると思われます。

平成8年発行の静岡県史別編二自然災害誌では、静岡県長泉町下土狩にある「火の雨塚」は、古墳の石室だが富士山噴火から住民を守ったとの記述があります。長泉町にはたくさんの古墳が点在しており、この中でも長泉町下土狩の原分古墳（写真6—2）は大きなもので、

6-2　原分古墳

県道沼津三島線（87号線）が計画されたため、長泉町が下土狩駅のすぐ東の地に移転復元していいます。長径16ｍの楕円形の原分古墳は、墳丘に山ノ神神社が祭られ、中には長さ10ｍ、幅1・7ｍ、高さが2ｍの石室があり、移転に伴う発掘調査で銀象眼の鍔（つば）などが出土していますので、駿河東部を治めた首長クラスの墓とされています。6世紀末につくられていますので、富士山の延暦19年から3年続いた大噴火や、貞観6年から2年続いた大噴火では、原分古墳や、その付近にある古墳に逃げ込んで助かった人が実在したという可能性は高いと思われます。

静岡県の海洋（海難）

51　御前崎の海難とキンカン

遠州灘は昔から航海の難所で、御前崎沖の岩礁で座礁、難破する船が相次いでいます。江戸時代、天下の台所である大阪に集められた米などの物資は、大消費地である江戸に多くの回船で運ばれていました。特に、新米の出回る秋から冬にかけては北西の季節風が吹きますので、当時の航海技術では、海岸から離れて座礁しないで航行することは、風に流され黒潮に乗って二度と戻れないという危険な航路でした。文化10年（1813）に尾張の督乗丸が江戸から帰還する途中に御前崎沖で暴風雨に巻き込まれ遭難、484日間にわたって漂流し、3人が助かったというのは、ごくごく希な話です。このため、地形の影響を受けて流れや波が複雑で、座礁の危険性がある海岸付近をあえて航行し、事故が繰り返されてきました。

食用や薬用、観賞用として用いられるキンカンも、ここでの海難と関係があります。江戸時代に清の商船が遠州灘沖で遭難し、清水港に寄港した際に船員が清水の人に砂糖漬けのキンカンの実を送り、この中にあった種を植えたところ、やがて実がなり、日本全国へ広まったという話が残されています。

7-1　見尾火灯明台

徳川幕府は、遠州灘の海難を防ぐため、寛永12年（1635）に「見尾火灯明台」をつくっています（写真7―1）。御前埼灯台の隣に復元されていますが、土台から桁までの高さ2・6mのお堂で、床下には強風で建物が吹き飛ばされないよう石が詰められています。幕府から1カ月当たり9升の植物油や灯芯、障子紙が支給され、毎夜、2人の村人が行燈（あんどん）の火を絶やさないよう火の番をしたと、伝えられていますが、雨や風の強い日には役に立ちませんでした。240年の長きにわたり、御前崎の海難防止に努めてきた灯明台は、明治4年（1871）4月にガラス張りの灯明台に変わり、明治7年（1874）5月1日には近代的な御前埼灯台が完成しています（3節参照）。

52　海岸寺の波よけ如来と川止め

東海道を下り、由比宿から薩垂峠をすぎ、興津川を越えるとすぐに風光明媚な興津宿ですが、その興津川がときどき出水で川止めとなることがあります。寛永13年（１６３６）12月1日に江戸から本国に戻る途中の朝鮮通信使も季節はずれの川止めにあい、興津の清見寺に休息予定が、急遽、近くの仏堂でしばらく逗留しています。この仏堂は、江戸時代初期に波よけ観音堂として堂宇が建てられたことが始まりといわれ、朝鮮通信使一行の写字官・紫峰が「海岸庵」を揮毫（きごう）したことから仏堂海岸庵（現　海岸寺）となり、その後、興津本町にある文明２年（１４７０）創建の宗徳院の歴住隠居の地とされ、建物が増えてゆきます。

海岸寺の本尊は阿弥陀如来（波除如来）、脇本尊は、この地域には珍しい百体観音（西国観音33、板東観音33、秩父観音34カ所）です。ここにお参りするだけで、百カ所の観音様の御利益を授かるとされています。東海道は、由比宿から興津宿まで、山道を通り、薩垂峠を越えるのが一般的でした。海岸沿いを歩く、下道というのもありましたが、今よりもっと山が海に迫っていたために「親知らず子知らず」と呼ばれる危険な路でした。それでも、急ぐ場合には利用した下道を使った人がいたせいか、江戸時代に海岸寺が発展しています。

地震により大きな災害が発生し、住民を苦しめますが、ときには人間社会に利益をもたらすこともあります。安政東海地震の結果、由比宿と興津宿の間は土地が隆起し、海岸線が以前よりは通りやすくなります。明治になり、国道一号線も、東海道線もこの隆起した場所を利用します。トンネル建設技術が未熟であったこともありますが、海岸の隆起のおかげで、多少の海岸埋め立てだけで、東西交通の大動脈が短期間に、それも安価でできました。つまり、安政東海地震の余徳は、東西交通の大動脈となって今も続いていることになります。

53　近代日本造船はヘタ号から

米のマシュー・ペリーが開国を求めて江戸に来航し、再来日するとして引き返した1カ月半後の嘉永6年（1853）7月18日、ロシアのエフィム・プチャーチンが長崎に来航します。プチャーチンも拒絶され引き上げますが、翌年事態は急変します。第12代将軍・徳川家慶が死去したのです。香港にいたペリーは、国勢の混乱をつき、幕府に開国の決断を迫るために1年後という約束を破って半年後の嘉永7年（1854）1月に日本に再来航します。江戸湾には9隻のアメリカ艦隊が睨(にら)みをきかしての交渉です。その結果、3月3日にペリーは約500人の兵員を以って武蔵国神奈川の横浜村（現 横浜市）に上陸し、日本は下田

（現 静岡県下田市）と箱館（現 北海道函館市）を開港するという日米和親条約（神奈川条約）が締結され、ここで徳川家光以来200年以上続いた鎖国が終わっています。その4日前にロシアは英仏と戦争を始めます。クリミヤ戦争です。

その後、ペリーと幕府は下田で交渉を行い、5月25日には、米人の移動可能範囲は下田より7里（函館より5里）など、和親条約の細則を定めた下田条約が締結されます。そして、ペリー艦隊は6月1日に下田を去ります。そして、琉球王国の那覇に向かい、日本と同じように鎖国をしていた琉球王国と琉米修好条約を結んでいます（注1）。琉球王国は薩摩・島津藩の侵攻を受け、薩摩藩の付庸国（外交権など対外主権の一部が薩摩藩に対して制限されている国）となっていましたが、清にも朝貢を続け、独自の国と文化を持っていました。

アメリカに続き、イギリスも嘉永7年8月23日に日英和親条約を結びます。クルミヤ戦争をイギリスと戦っているロシアのプチャーチンは、英仏の目を避けながら交渉を行い、12月21日に伊豆の下田で日露和親条約を結びます。それも、11月4日（1854年12月23日）の東海地震の津波で下田は大被害、プチャーチンの乗ってきたディアナ号は座礁し、その後に嵐で沈没という中での交渉です。武力をちらつかせての交渉とは違い、あくまで話し合いでの交渉は、徳川幕府のその後の行動をみると、特に感ずるものがあったのではないかと思われます。

東海地震で座礁したディアナ号は、英仏の目を避けて君沢郡の戸田（へだ）村で修理することになりましたが、曳航中の11月27日、宮島村（現 富士市）沖で荒天のため沈没します（注2）。このため代船を建造することになり、幕府の許可のもと、船大工等が集められ、ロシア人の指導の下、3カ月の突貫工事で、全長25ｍの木造様式帆船を建造します。異人とは付き合うなという幕府の掟はありましたが、異国で地震と嵐の被害を受けた乗組員への村人の好意に対し、プチャーチンが感謝の意を込めて「へだ号」と名付けています。「へだ号」は、ディアナ号よりかなり小さい船でしたが、これが日本初建造の本格的な西洋船です。プチャーチン等はこれに乗って帰国し、後に「へだ号」はロシアから幕府に献上となります。「へだ号」は堅牢（けんろう）で操船が容易と評判になり、はからずも近代造船技術を身につけた戸田の船大工たちが、戸田村だけでなく、江戸石川島をはじめ、各地で「へだ号」と同様の船（君沢形）をつくります。明治初期の沿岸航路の商船は、君沢形が花形でした。船大工の棟梁であった上田寅吉は、「へだ号」の功績で名字帯刀を許され、のちに横須賀海軍工廠の初代所長となって数々の軍艦建造に携わります。

（注1）徳川幕府が日米修好通商条約結び、神奈川・長崎・新潟・兵庫の追加開港と下田の閉鎖を決めたのは、その日米和親条約の4年後の安政5年（1858）のことです。日本と琉球という二つの国との条約締結の大役を果たしたペリーは、その4年後に亡くなります。さらに3年後、米国は南北戦争という内戦に突入し、ペリーが開いた東アジアへの影響力を失ってしまいます。アメリカなきあとの東アジアには、英国やフランス、ロシアが勢力を拡大してゆきます。

（注2）高さ4m、重さ3トンという巨大なディアナ号の錨（いかり）は、昭和29年（1954）に海底から引き上げられたものが沼津市戸田の造船郷土資料博物館前に、昭和51年（1976）に引き上げられたものが富士市の三四軒屋の緑道公園（通称「錨公園」）に展示されています。

54　点から面の観測に変わる石廊崎波浪計

気象庁では、波の高さを測る波浪計を北海道の松前、宮城県の江ノ島、静岡県の石廊崎、京都府の京ケ岬、長崎市の福江島、鹿児島県の佐多岬の6カ所に配置しています。これまでの波浪観測は、できるだけ沿岸地形の影響を受けない沖合の表面波形を観測するために海岸

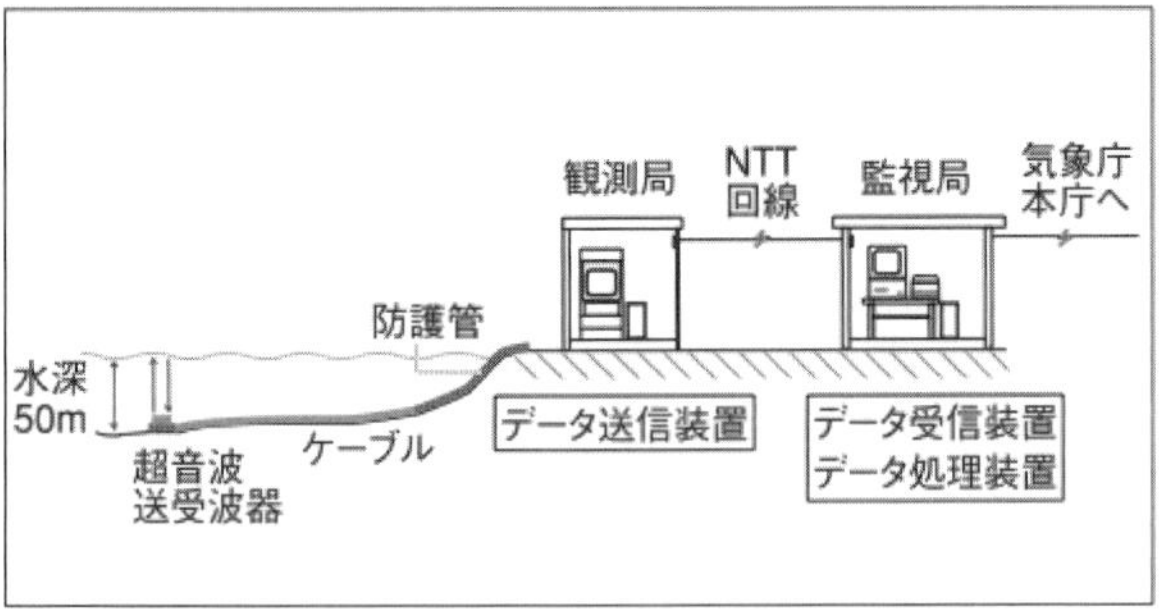

図 7-1　気象庁沿岸波浪計観測システム概要図

線より沖合1～3km、水深50m程度の海底に、超音波送受波器を置いたものでした（図7—1）。送受波器は1秒間に約4回垂直に発射し、海面からの反射波を受信し、往復伝播時間を連続的に測ります。この時間が長ければ、海面までの距離が長いことから海面水位が求まります。観測したデータは監視局に送られ、チェックを行い、毎正時の25分前から5分前までの20分間の海面水位データから有義波高などを求めています。超音波式は、連続的に波の高さを正確に測ることが出来ますが、送受波器を置いた場所、つまり点での波の観測です。

平成20年度の補正予算では、石廊崎と経ケ岬の波浪計の更新が認められ、レーダー式の波浪計に更新することになりました。レーダー式は、マイクロ波を海面に発射し、波が高いほど散乱して跳ね返ってくるマイクロ波が強くなるということを利用し、波向きや波高を観測するものです

（図7―2）。これまで、船舶レーダーでも、気象レーダーでも邪魔者扱いだった、海面からの電波の反射（シークラッター）を使っての観測です。観測精度は超音波式よりやや落ちますが、その反面、超音波式では不可能である波高の面分布を観測することができます。石廊崎付近の海底は東から南東にかけては浅い海が続き、南から西にかけては急に深くなっています。できるだけ沿岸地形の影響を受けない場所に設置したといっても、波の向きによっては付近を代表する波とはいえないこともありましたが、今度は面での観測なので、複雑といわれる石廊崎の波について、研究が進むと思います。

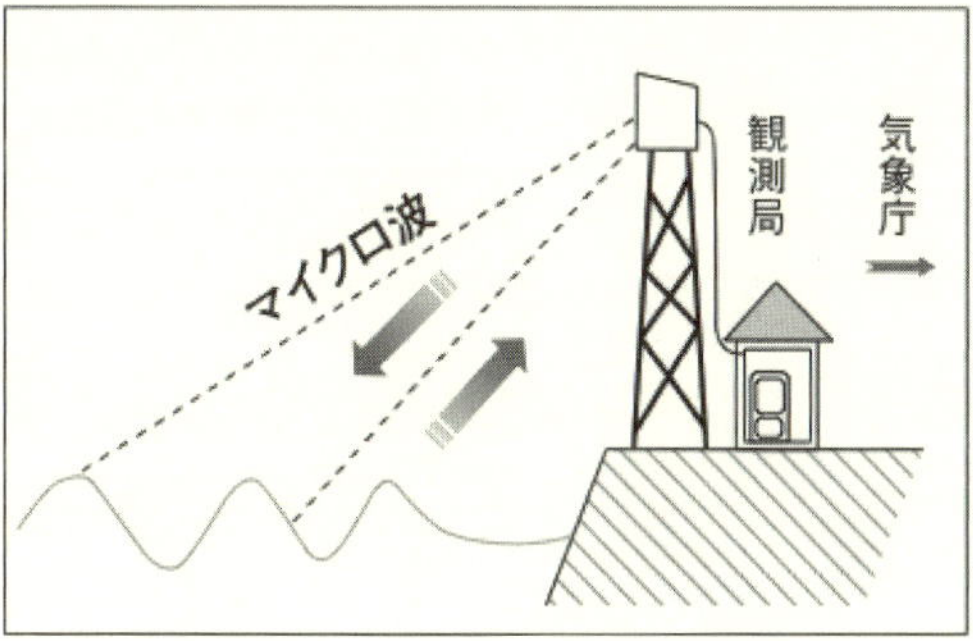

図 7-2　レーダー式沿岸波浪計

静岡県の伝承

55 諏訪湖とつながる御前崎市の桜ケ池

静岡県御前崎市佐倉には、三方を原生林で囲まれ、前方は砂丘に連なる桜ケ池があります。約2万年前に三方を山で囲まれた窪地が天竜川で運ばれて成長した砂丘によってせきとめられた湖です。嘉応元年（1169）に比叡山の高僧・皇円阿闍利（法然上人の師）が56億7000万年後に現れるという弥勒菩薩に教えを乞うため、池に身を沈めて長生きする竜になったという伝承があります。秋の彼岸には赤飯を詰めたお櫃を池に沈めて竜神に供える「お櫃納め」が行われ、数日後に空になったお櫃が浮いてきた場合は願いがかなうとされています（写真8―1）。また、沈めたお櫃が長野県の諏訪湖で浮いたことがあることから、諏訪湖と池の底でつながっているという伝承もあります。

諏訪湖に竜神伝説（諏訪大社の諏訪大明神として崇められているのは甲賀三郎という龍神）があり、諏訪湖から流出する唯一の川が天竜川で、古くから米所の伊奈谷を通って遠州灘に達し、運んだ土砂により桜ケ池ができ、その池に竜神伝説があるとなると、キーワードは「竜」です。大和朝廷は、稲作文化と強大な武力で勢力範囲を拡大してゆくのですが、4

世紀頃の東の勢力範囲は信濃南部から静岡県といわれています。稲作にとって不可欠な水を制する竜の話が多い由縁かもしれません。

富士山とそこに住まう神への信仰を行うための集団である富士講は、江戸時代に江戸を中心に関東で流行しています。富士講では、富士登山の際には、富士山周辺の霊地をめぐることとなっており、特に「八海」と呼ばれる湖や池沼をめぐり水行（水垢離）を行うことは重要な修行とされています。八海には富士山周辺の「内八海」と関東から近畿にかけての「外八海」があります。「外八海」は、二見浦（三重県）、琵琶湖の竹生島（滋賀県）、榛名湖（群馬県）、日光の中禅寺湖（栃木

8-1　桜ヶ池のお櫃納め（御前崎市）

県）、霞ヶ浦の鹿島湖（茨城県）、芦ノ湖（神奈川県）、諏訪湖、桜ヶ池で、ここでもつながっています。

ちなみに、内八海は、山梨県側の山中湖（山中湖村）、明見湖（富士吉田市）、河口湖・西湖・精進湖・本栖湖（富士河口湖町）、志比礼湖（市川三郷町）と静岡県側の須戸湖（沼津市）の八つですが、浮島沼とも呼ばれていた須戸湖は、江戸時代から陸化が進んだため、富士講から外され、泉水湖（富士吉田市）が内八海に入っています。沼津市西方は、富士川が運んだ砂礫がたまって東西に長い砂州をつくり、外海から分断された海岸付近の海が大きな沼に変わっており、中世以降の紀行文や江戸時代の浮世絵では、富士山を背景に、調和のとれた沼の景観が取り上げられています。しかし、流れ込む土砂によって陸化が進んだこと、豊富に捕れた魚を干物として大消費地の江戸で送る産業が盛んになったことから、堤防や埋め立てなので農地拡大が進んだ結果として、内八海からの卒業です。

とはいえ、これは台風が襲来すると、海水が入り込んで稲が壊滅状態になるという苦難の始まりでした。これが解決したのは昭和18年（1943）の昭和放水路、昭和38年（1963）の沼川放水路の完成で、現在では首都圏に近い住宅地として発展しています。

8-2　波小僧（御前崎市提供）

56　遠州の七不思議の「波小僧」

静岡県遠州地方には、掛川市佐夜鹿の夜泣き石、御前崎佐倉にある桜ケ池の大蛇、浜松市水窪町の池の平の幻の池など、遠州七不思議という不思議な物語があります。組み合わせには諸説があり、合わせると七つ以上ありますが、必ず入っているのが遠州灘の波小僧です（写真8―2）。遠州灘に住む波小僧が、漁師に助けてもらったお礼に、海が荒れるときには南東の海底から太鼓をたたいて知らせるという話ですが、これは海鳴りの話です。台風がはるか南の海上にあり、そこからやってくる波長の長い波（うねり）が、海岸に達して崩れるときに発生する低い音が海鳴りです。遠州灘に面した御前崎周辺から浜松にかけては、ほぼ東西方向に延びる長い砂浜ですので、海鳴りが大きく増幅して聞こえ、海鳴りのくる方向もはっきり分かります。ちなみに、環境省が選定した音風景百選には、静岡県では大井川鉄道のＳＬと、遠州灘の海鳴りが入っています。

波小僧の話で南東のときが荒れるということには意味があります。海鳴りが聞こえてくる方向に台風がありますので、南西から海鳴りが強まってくるときには、台風が南西にあって東に進みながら近づいてくるときです。台風は転向後ですので、次第に進路を東よりに変え、沖合を通ることが多いために大きな被害にならなかったことが多いといえます。しかし、南東から聞こえてくるときは、台風はまだ転向前の発達中ですので、その後、向きを北に変えて接近・上陸して大きな被害となることがあります。

遠州灘付近の人々は、昔から、生活のために黒潮にのって陸地付近までやってくる魚群に目をこらしたり、安全のために海や空の様子を観察していたのですが、音にも注意を払っていました。その伝承の一つが海小僧の話です。

57　清水町だけでなく清水港も清水の湧き出る所

清水という地名は各地にあります。静岡県駿東郡の清水町、北海道上川郡の清水町、福井県丹生郡の清水町（現　福井市）、和歌山県有田郡の清水町（現　有田川町）の４町は、平成

17年（2005）末に自然解消するまでは姉妹都市となっていました。静岡県の清水町は、明治22年（1889）に伏見村など17村が合併して誕生した清水村が、昭和38年の町制施行で誕生しました。清水町伏見にある柿田川公園の「わき間」から湧き出る湧き水は、日に70万トンから100万トンと、東洋一を誇っており、そこを源にして柿田川が1200m流れ、狩野川に合流しています。富士山の原型ができたのが1万4000年前で、そのときの溶岩は、愛鷹山と東側の箱根山との間を南下し、JR三島駅付近まで到達しています。約8500年前から始まったという湧き水は、富士山に降った雨が溶岩のすき間をおよそ80日かけて南下、溶岩が終わる場所で噴出しているのです。水質がよく、水温が約15度と安定しているため、清水町のみならず、周辺の沼津市・三島市などに上水道用水として送られ、清水町に工場が進出しています。

清水という地名は、水がそれほど豊富でない場所にもあります。清水港の清水です。ここでは、巴川河口にできた岡の上に大きな池があり（西方により大きな池があったので小池と呼ばれていた）、ここから流れ出た清流が利用できたので古くから湊が発展してきました。しかし、浜辺近くの人たちは井戸を掘っても海水が交じるため、飲み水を岡の上に求めていました。岡水と称した水のために桶を持って岡を登り、苦労して水を持ち帰ったのです。しかし、８００年ほど前、助けた旅の僧が、お礼にとチャンチャンとかねを叩いたところ、わき出したのがチャンチャン井戸（現在の静岡市清水区の清水浜田小学校脇）です。清く飲み水に適していたため、遠くからも水を汲みにくるほどで、これが「清水」の地名の起源といわれています。水が豊富ならその恵みに、水が少ないならそのありがたさに、ともに感謝して清水という地名が生まれたのです。しかし、岡の上の池は自然に埋まり、この池が水脈であったチャンチャン井戸も使えなくなります。しかし、清水湊は水源を別に求め、より発展をしてゆきます。

図８－１は、現在と約４４０年前の清水とを比べた地図ですが、今とはかなり地形が変わっています。24番が小池の場所で、小池から流出した川が比丘尼沢を通っていました。22番の上清水八幡社付近（現在の清水浜田小学校付近）にチャンチャン井戸がありました。なお、ここで袋城というのは駿河を領有した武田信玄がつくらせた城で、ここから軍艦が直接出撃できたといわれているものです。

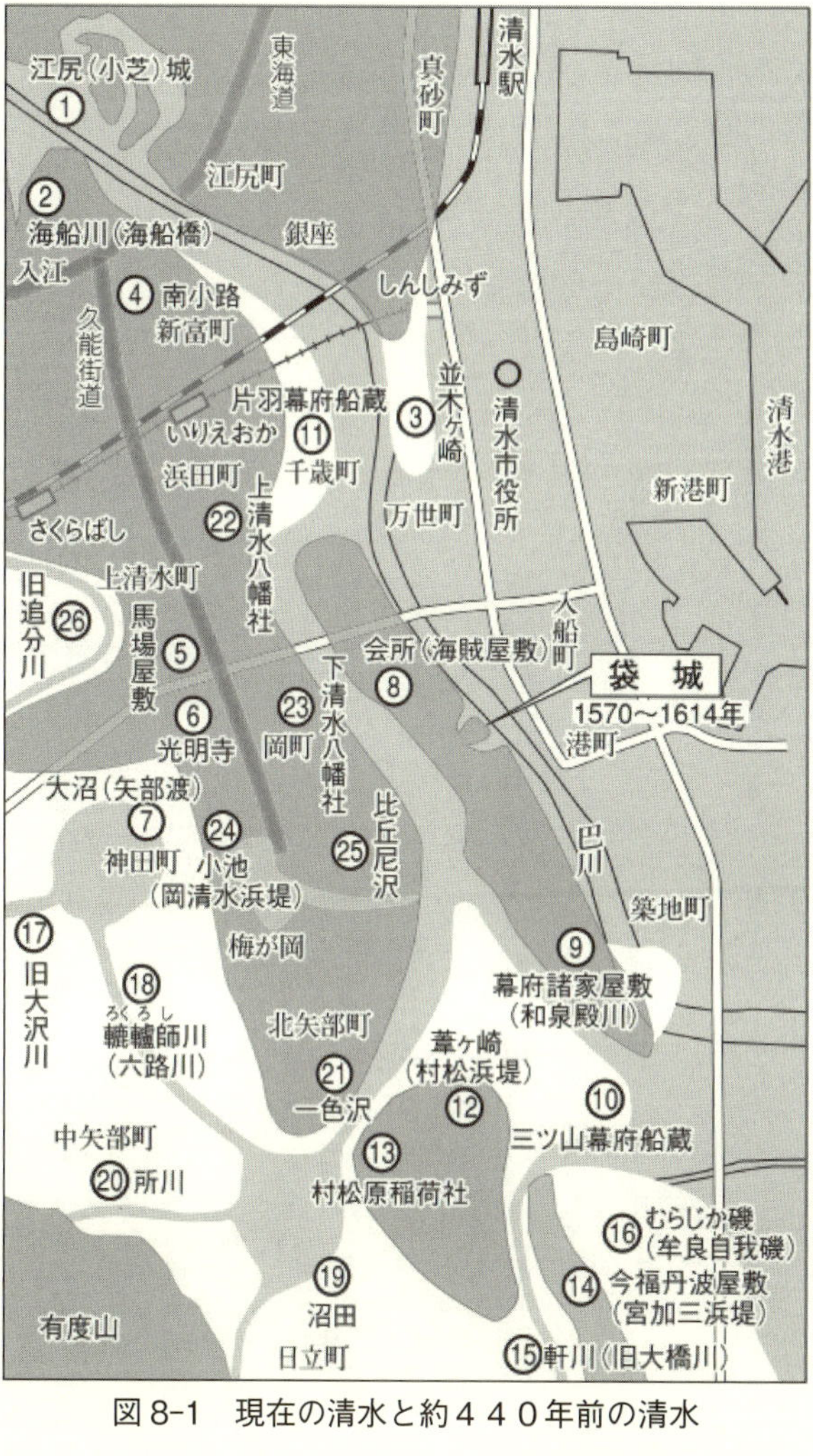

図 8-1　現在の清水と約４４０年前の清水

58　北条氏康が用意した婿引き出物は水

三島市と清水町の境界を流れる小さな川があります。名前は境川、全長6㎞ですが、狩野川下流に合流しますので、一級河川となっています（16節の図2―2参照）。名前の通り、昔はこの川が駿河国と伊豆国の境界でした。三島市は伊豆国、清水町・沼津市は駿河国ということになります。また、少し西へゆくと富士川や竹田道があり、甲斐の国に通じていますので、この地は、しばしば伊豆、駿河、甲斐の争いの地となっています。天文23年（1554）には、この三国を治めていた北条氏康、今川義元、武田信玄が、それぞれの思惑から、お互いの娘を嫡子（ちゃくし）に嫁がせ、甲相駿三国同盟を結びます。北条氏康は、武田信玄の娘を息子・氏政の妻にし、娘を今川義元の息子・氏真へ嫁に出します。この時の引き出物が伊豆国の水です。境川に千貫樋（せんがんどい）をかけ、この樋を通して小浜池から引いた水を駿河国に渡していま す。千貫の価値があるとか、建設費が千貫かかったからとか命名の由来ははっきりしませんが、この樋により、駿河国の新宿、玉川、伏見、八幡、長沢、柿田の130haの耕地（200石）が潤っています。

三国同盟は、今川義元が織田信長との桶狭間の戦いで戦死し、武田信玄が川中島の戦いで上杉謙信に勝てなかったことで終わりを告げます。武田信玄は日本海への進出をあきらめ、

8-3　千貫樋

南下して駿河を手中にいれます。伊豆と駿河の国境は武田と北条の争いの地となりますが、北条氏康の婿引き出物である千貫樋は残ります。すぐそばに三嶋大社があり、ここでの戦闘はお互いに避けたのかもしれません。木製であった千貫樋は、大正12年（1923）の関東大震災のときに崩落したため鉄筋コンクリートの樋（長さ42・7m、幅1・9m、深さ0・45m）（写真8―3）に変わってはいますが、稲作シーズンには貴重な水を供給しています。

59　織田信長が認めた三嶋暦

古代日本の律令制では陰陽寮が置かれ、天文、暦数、風雲、気色を扱い、当時の最新の学問（中国からの学問）を使って予測を行い、異常発生時

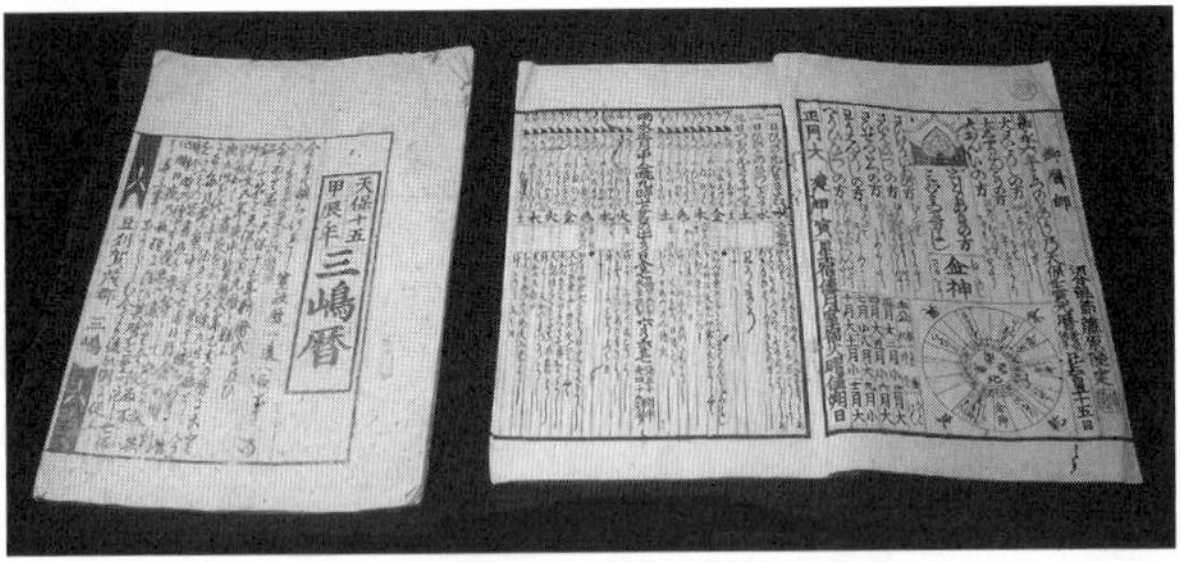

8-4　三嶋暦（三嶋暦の会提供）

には秘密に上奏し、暦を調進していました。気象庁長官と天文台長を兼ねたのが陰陽頭で、その下に、天文博士、陰陽博士、陰陽師、暦博士、漏刻博士がいました。古来から日本の暦は朝廷が作るものとされ、太陽太陰暦が国家機関や貴族の間で使われてきたのです。太陰太陽暦は、太陰暦を基にし、閏月を挿入して実際の季節とのずれを補正した暦です。月は新月から満月を経て新月に戻るまで約29・5日ですので、1カ月が29日の小の月と、30日の大の月を組み合わせ、月が12回満ち欠けをする354日と、1年約365・25日と差を埋めるため、約3年に1回、余分な1カ月閏（うるう）月を挿入してずれを解消しました。同じ太陽太陰暦でも、閏月の入れ方、大の月と小の月の組み合わせ方によって日付けがずれることがあり、権威のあるところが作り、それを皆が使うとしないと混乱が生じます。

　暦の需要が急増し、印刷した京暦が作られましたが、それでも需要を満たすことができず、各地でその土地に適した暦が作られました。このうち、鎌倉時代から作られているという伊豆国三嶋大社の暦師・河合家が作った三嶋暦は、木版刷りの品質が良く、細字の文字文様が大変美しいことから土産や贈答品としても人気がありました（写真8―4）。

河合家は、江戸時代頃まで天文台を持ち、星や月を正確に観察して三嶋暦を作っていましたので、京暦とは、何度か日付けが食い違っています。全国統一をめざしていた織田信長は、暦がバラバラでは困るとして、関東甲信越や東海地方で使われていた三嶋暦に統一をしようとします。天正10年（1582）正月に朝廷へ申し入れるのですが、朝廷の権威を否定するものとして退けられます。しかし、この年の6月1日の日食（京都では6割が欠ける部分日食）が起きます（78ページコラム参照）。古代において日食は重大な関心事で、日食時に国家行事を行うと為政者の威信が傷つくとされてきました。このため、日食を予想し、この日に国家行事を行わないなどの行動がとられました。また、日食は日光は汚れとされ、天皇の身体を汚れから遮るため御所を薦で包む習慣がありました。日食は太陽と地球の間に月が入る現象ですので、月と太陽の運行をもとに作られる太陽太陰暦では日食を予想できます。日食予報は、多少の誤差を考えて多めに予想して空振りをすることは許せても、見逃しとなると大問題となるのですが、天正10年6月1日の日食は、京暦で見逃しとなり、御所を薦で包みませんでした。このため、織田信長は、日食を表現している三嶋暦のほうが正確で、優越性がはっきりしたとして、信長は再度朝廷に暦統一問題を持ち出します。しかし、翌2日、本能寺の変によって明智光秀に討たれ、三嶋暦による統一はなりませんでした。

その後、江戸時代には、江戸の暦問屋で刊行された江戸暦が関東一円から東北地方で頒布されたり、三嶋暦の売買が伊豆と相模に限られるなどがあって、三嶋暦は地方暦の域を出ませんでした。本能寺の変によって、三嶋暦の運命も変わったのです。

（注）西暦は、織田信長が死去から5カ月後にユリウス暦から現在使われているグレゴリオ暦に変わります。つまり、1582年10月4日（木）まではユリウス暦が使われ、翌日はグレゴリオ暦の1582年10月15日（金）となっています。グレゴリオ暦の発布がこの年の2月24日ですが、暦の変更は生活に大きな影響を与えますので、実際の発布前から広く周知が行われていたと思われます。織田信長が西暦の変更について知っており、暦に強い関心を持っていた可能性は十分あります。

60　ちゃっきり節と三階節

静岡県民謡に「ちゃっきり節」があります。静岡電気鉄道（現 静岡鉄道）の狐ヶ崎遊園地のコマーシャルソングとして昭和2年（１９２７）に北原白秋が作詞したもので、戦後に市丸がレコード化してから全国的に有名になりました。県内の地名や方言が入り、30番までありますが、各コーラス通しで「きゃある（蛙）が鳴くんて雨ずらよ」という囃子詞が入っています。作詞を依頼されて逗留していた静岡市の花柳地・2丁町で聞いた言葉を使ったのですが、これは、昔から伝承されてきた蛙を使った天気予報です。湿度が高くなり雨の可能性が高くなると蛙の活動が活発になるとの説明がされますが、昔、中央気象台が蛙が鳴くと雨になる確率が高いという調査をしたことがあります。

また、新潟県柏崎で17世紀頃にできた三階節には「米山さんから雲が出た　今に夕立が来るやらピッカラチャッカラドンガラリンと音がする」が繰り返し出てきます。柏崎海岸からは南西の米山（標高９９３ｍ）がよく見え、これを使った天気予報です。このように、昔の人は経験から周囲の様子に気を配って予報をし、そのノウハウは語り継がれてきました。

現在の天気予報は、きめ細かく、正確になっていますので、周囲の様子に気を配っての予報は必要ありません。ただ、これから1～2時間先にその場所で起きることについては、見える範囲内での出来事ですので、有効な場合があります。雷があるという天気予報を聞き、雷の可能性があると思って空を見ていると、黒い雲を早く発見できます。「まもなく雷雨になるのですぐ避難」と判断できるように、気象情報を入手し、それをもとに周囲の様子を見て判断するという観天望気も大事です。

参考文献

大阪毎日新聞　1896　大阪毎日新聞社
気象要覧（1900〜2000）気象庁 兼 中央気象台）
静岡民友新聞　1906　静岡民友社
海洋気象台要覧　1930　海洋気象台
静岡県水産試験場事業報告　（1931〜1935）　静岡県水産試験場
測候時報〔飛行機に依る気象観測報告（第1報）〕中央気象台測候係　1932　中央気象台
験震時報（昭和10年7月11日静岡強震験測概要）中央気象台地震係　1935　中央気象台
理科年表（昭和11年版）　東京天文台編纂　1935　丸善
サンデー毎日（昭和14年11月19日号）　1939　毎日新聞
気象集誌（富士山の雲形分類）　阿部正直　1939　東京気象学会
測候時報（閑休話）　奥山奥忠　1942　中央気象台
流氷図（1937〜1944）　1955　函館海洋気象台
測候時報（オホーツク海流氷観測飛行の思い出）　三浦謙之助　1967　気象庁

岡田武松伝　須田龍雄　１９６８　岩波書店
つるし雲　安倍正直　１９６９　ダイヤモンドグループ
神戸海洋気象台彙報（神戸海洋気象台沿革史）１９７４　神戸海洋気象台
気象百年史　気象百年史編纂委員会　１９７５　気象庁
きしょう春秋　中央気象台の飛行機観測と根岸航空士　星為蔵　１９８２　気象春秋会
よみがえる心のかけ橋　日下部太郎／W.E. グリフィス　１９８２　福井市立郷土歴史博物館
空駆けた人たち―静岡県民間航空史―　平木国夫　１９８３　創林社
台風がやってきた　神戸淳吉　１９８６　皆成社
ちびまる子ちゃん第２巻（まるちゃんの町は大洪水の巻）　さくらももこ　１９８８　集英社
静岡県史　１９９６　静岡県
海野のものがたり　海野武　１９９９　駿河海野会
兵庫県の気象・空と海を見つめて１００年　２００１　神戸海洋気象台
鈴与２００年史　２００２　鈴与株式会社
熱海平成歴史年表　２００７　熱海市
静岡新聞（ふるさと探訪「千貫樋」）　２００９年３月６日朝刊

参考文献

静岡新聞（富士山測候所）　2004年9月9日朝刊
「稲むらの火」と史蹟広村堤防（西太平洋地震・津波防災シンポジウム）　2002
笠戸丸から見た日本―したたかに生きた船の物語―　宇佐美昇三　2007　海文堂
気象業務はいま（2003～2008）　気象庁

他

饒村　曜（にょうむら・よう）
昭和26年新潟市に生まれる。新潟大学理学部卒業後、気象庁に入る。予報課予報官、電気通信大学講師（併任）、統計室補佐官、企画課技術開発調整官、海洋情報室長、静岡地方気象台長（平成20年4月～平成21年3月）などを経て、現在、東京航空地方気象台長。平成7年の阪神淡路大震災時は神戸海洋気象台予報課長、平成16年の福井豪雨時は福井地方気象台長で、ともに官署が被災しながら観測や予報が一回も欠けなかった経験を持つ。
著者に『台風物語』（日本気象協会）、『台風物語〈続〉』（日本気象協会）、『防災担当者の見た阪神淡路大震災』（日本気象協会）、『気象のしくみ』（日本実業出版社）、『図解・地震のことがわかる本』（新星出版社）、『台風と闘った観測船』（成山堂書店）、『知恵蔵』（朝日新聞社：共著）その他多数。

静岡の地震と気象のうんちく

静新新書　036

2010年6月29日初版発行

著　者／饒村　曜
発行者／松井　純
発行所／静岡新聞社
〒422-8033　静岡市駿河区登呂3-1-1
電話　054-284-1666

印刷・製本　図書印刷

・定価はカバーに表示してあります
・落丁本、乱丁本はお取替えいたします

ISBN978-4-7838-0359-1 C1244

静新新書

好評既刊

時を駆けた橋 井上靖も愛した沼津御成橋の謎	022	830円
静岡県の民俗歌謡 「遊び」と「祈り」の口承文芸	023	1000円
病気にならない一問一答	024	950円
静岡の政治　日本の政治	025	840円
静岡の作家群像	026	1200円
富士の裾野にワンルーム小屋を建てた	027	860円
二人の本因坊　丈和・秀和ものがたり	028	1300円
芸能通信簿	029	945円
午前8時のメッセージ99話 ～意味ある人をつくるために～	030	1000円
東海道名物膝栗毛	031	1100円
静岡連隊物語 ―柳田芙美緒が書き残した戦争―	032	1000円
静岡県の戦争遺跡を歩く	033	1000円
小川国夫を読む	034	1000円
アンソロジー 短歌と写真で読む静岡の戦争	035	1100円

（価格は税込）